JN180804

USEFUL TEXTBOOK OF APPAREL BUSINESS

役に立つ アパレル業務の 教科書

久保茂樹＝著
Shigeki Kubo
岡崎平＝監修
Taira Okazaki

生産、調達から店舗、ＥＣまで

システムエンジニアから営業まで、コンサルティングセールスを成功させるために理解しておきたい知識

文芸社

読者の皆様へ

三十数年間のアパレル業界を中心とした流通業システム化に従事した私の経験を踏まえ、適用業務（システム化対象の業務範囲のことをいう）知識を、業態に応じた業務モデルとして解説した「役に立つアパレル業務の教科書」を出版することにいたしました。

クライアントの課題解決のためには、その業務を把握して、商談で話された内容を十分に理解することが、大変重要だと考えています。アパレル企業及びファッション小売業の情報システム構築や、業務改革・改善に携わるシステムエンジニア(SE)やコンサルティングセールスを担う方々に向けて書いています。特に適用業務について経験の浅い若手の方を意識して、できるかぎりわかりやすく記述しました。本書は入門編として、一般的な流通業販売管理の解説を含め、アパレル、ファッション企業に特化した適用業務解説を中心に、企画生産、発注・入荷配分、入出荷、売上、在庫、返品、MD活動、物流、店舗・ネット販売（EC）などの業務領域を解説しています。さらに、私の経験からのシステム構築の考慮点も部分的に記載しています。特定企業の業務を記載したり、また、システム会社のソリューションを紹介したものではありません。本書を書き進めていくと、今までの知識が断片的で、曖昧な理解があることが改めて認識され、過去に読んで所蔵している文献などを読み返し整理しながらまとめました。また、多段階にわたる調達・生産、取扱商材、流通チャネル、物流サービス分野で使われている言葉の持つ業務解釈にクライアントごとに微妙な違いがあった経験から、できる限り一般的な表現を使って記載しました。

本書により皆様の提案活動が活性化され、担当するプロジェクトに貢献でき、それをもって課題解決の手段としてのシステム化推進に役立てていただければ幸いです。

2015年10月　著者

役に立つアパレル業務の教科書

生産、調達から店舗、ＥＣまで
システムエンジニアから営業まで、
コンサルティングセールスを成功させるために理解しておきたい知識

目次

第6章　アパレル本部販売管理

第1章

業界環境と課題

▶市場規模と好調分野

矢野経済研究所によると、日本国内における2013年のアパレル小売市場規模は9兆2,925億円で、前年比101.4％でした。2007年では10兆円以上の規模でしたが、2008年9月に生じたリーマンショック以降、約1兆円の市場規模が縮小し、2009年以降は2010年を底にして9兆円前後で推移しています。2018年予測においても9兆円規模の推定をしており、国内マーケットは高齢化、少子化と相まって成熟市場となっていることが見えます（図表1-1参照）。

全体としては、ベーシックカジュアル衣料、ファストファッション、高級ブランドが総じて堅調です。また、ネット販売が拡大しており、「繊研新聞社が推定したファッション商品の2014年度消費者向けEC（電子商取引）市場規模は約5,600億円、EC化率（国内ファッション市場に占めるネット販売比率）は6％台になった」（繊研新聞2015年7月10日）とあるように、EC市場の成長が続いています。

▶戦後の業界の歩み

椎塚武著『アパレル産業新時代　ニュー・ファッション・ビジネス未来戦略』（ビジネス社、1985年）では「ファッション・ビジネスの変遷をたどり、その産業基盤がいつごろからできたのかさかのぼってみると、それは昭和20年代後半である。これまでは、わが国の衣料は必需衣料充足の時代として位置づけされていた。すなわち、敗戦の廃墟から立ち上がったわが国経済は、このころに繊維製品の統制が撤廃され、大衆の関心が食から衣へウェイトをかけはじめる」と書かれているように、私たちが普段着ている「既製服（洋服）」は先の大戦が終了し、戦後の衣料統制廃止後に急速に発展しました。

樫山純三著『走れオンワード　事業と競馬に賭けた50年』（日本経済新聞社、1976年）では「私は百貨店への販売に当たって、いくつかの新しい試みを行った。一つは委託取引制度である。百貨店で売れ残った場合はこちらが商品を引き取る。百貨店側にすれば返品できる制度である。百貨店には商品ごとに一定の予算がある。この予算の壁を破って商品を大量に納入するには、予算という壁を取り払えるようにすればいい」とあり、樫山（現オンワード樫山）が1953年当時としては画期的な試みである百貨店に対して返品を認める取引制度の「委託取引制度」と、「派遣店員制度」を考案しました。

この両制度は百貨店側ニーズと重なり、百貨店と他アパレル製造卸企業へ急速に拡大していきました。

50年代後半から70年代は、アパレル製造業は量の時代から質の時代へ変遷をしながら発展しました。この発展と並行するように、小売業では60年代からチェーンストアの出店が急拡大し、ファッション専門店も発展しました。DCブランドは70年代初頭から発展し始め、80年代には時代の寵児と言われるようになったと記憶しています。

「ワールドは1993年にブランド『OZOC（オゾック）』においてSPAを導入してリスク対応、変化対応を行っていった。またワールド同様に、SPA業態へと転換して業績を伸ばしたのがファイブフォックスやサンエー・インターナショナルである」と、新井田剛著『百貨店のビジネスシステム変革』（碩学舎、2010年）にも書かれています。

さらにその後、小売型SPA業態、ファストファッション、ネット販売、百貨店、GMSに加えてショッピングモール、ファッションビル、駅ビル、アウトレットなど小売業は多様化

図表1−1　国内アパレル総小売市場規模推移と予測

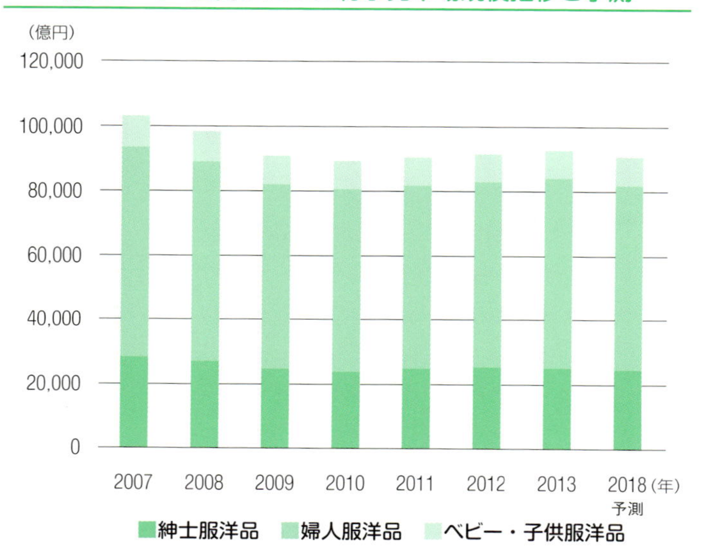

（単位：億円）

	2007	2008	2009	2010	2011	2012	2013	2018(年)
紳士服洋品	28,136	27,166	24,922	24,225	24,700	25,185	25,475	24,480
婦人服洋品	65,145	61,694	56,790	56,150	56,852	57,500	58,290	56,850
ベビー・子供服洋品	9,567	9,420	8,900	8,855	8,950	8,960	9,160	9,210
合計	102,848	98,280	90,612	89,230	90,502	91,645	92,925	90,540

（注）小売金額ベース、2018年は予測値（2014年9月現在）
（出所）株式会社矢野経済研究所「国内アパレル市場に関する調査結果2013，2014」

参考：SPAという言葉は用語集の中で記載していますが、GAPが1986年に自らの業態をこの言葉で定義してこの用語や業態が普及したとされています。大手アパレルの一部やDCブランドなど、それぞれの出店形態は微妙に違いますが、この定義以前から自身のNBブランドを店舗、店頭で自らがしっかり管理して販売管理とMDを行っていました。90年代にSPA業態が急速に普及しましたが、もともとあった業態をあとから定義づけた印象です。調達（生産）から小売販売までを鳥瞰管理することについて、企業の軸足がどこにあるかで、製造目線及び店舗販売目線からの最適な解を求め歩んでいるのだと考えます。

図表1-2　業界環境の変遷

	1953年	70年代	80年代	90年代		2000年代		2010年代		2015年
業界動向	卸、百貨店との委託取引制度（返品可）	DCブランドやインポートブランドの導入で、ショップ形式の売場が拡大。ファッション小売業発展		SPA業態シフトが加速		ファストファッション 小売型SPA EC自社サイトが発展		マルチチャネルからクロスチャネルへ さらにオムニチャネルへ 店舗とサイトとの在庫共有の動き		
	卸、百貨店平場（委託）→	ショップ形式（消化、または直営路面店）→		SPA		小売型SPA→		自社ECサイト→		
システム動向		汎用機→ オフコン→	PC、オープンシステム、クライアントサーバー、ホスティング→		インターネット、モバイル、Webサイト、ECモール、自社ECサイト→			Facebook、Twitter、Instagram、LINE等のSNS→ スマートフォン急増→ クラウド→		
システム化分野		各企業にシステム導入、個別業務対応、伝票処理、販売管理など	商品管理に拡大 店舗管理 単品管理	SPA対応 当日入出荷	リアルタイム処理	MD分析 配分 物流コントロール（自動出荷など）	ECサイト Web化	スマートフォン対応 EC機能実装	リアル店、ECの在庫共有	環境変化対応 システム綻び見直し 店舗＋EC オムニコマース RFID導入拡大期
その他		個別開発 JANコード	適用業務パッケージ POSシステム普及	ネットワーク発達 システムインテグレーション	QR SCM ERPパッケージ国内登場	グループウェア ポイント管理 顧客管理	SNS、ECモール、サイト成長	ネット販売急増	輻輳する販売チャネルの統合在庫管理、顧客・ポイント連携 スマホアプリ、SNS連携、画像掲示連携	

した販売チャネルとなり、多種多様なファッションジャンルに向けた商品が生まれ、これらが混在した市場形成となる時代に突入しています。10年前、20年前、まして高度成長期の30年前とは様変わりした市場環境となり、適用業務面においても大きな変革を遂げてきました（図表1-2参照）。

▶課題対応

アパレル企業は①商品企画ヒット率向上（プロパー消化率アップ）、②滞留在庫の削減、③販売チャネルの効率的な運営、④商品原価の低減、⑤販売管理費の削減などの施策を駆使して、利益確保に努めています。

①「商品企画ヒット率向上」は、企画MD、デザイナーの市場を見通す目と、市場の売れ筋商品をすみやかに投入できる企画力及び調達力が必要で、そのためには店舗販売状況の迅速な把握からヒット品を見出し、週次で企画変更、生産や調達手配をダイナミックに実行できることが不可欠です。

②「滞留在庫の削減」の手段としては、投入から販売までの情報把握の迅速化、初回投入日からの販売立ち上がり動向、売れ筋、滞留状況を判断するための在庫日数、投入日から累計消化率、期間販売点数の動向、期間消化率の増減推移が迅速に意思決定者へ届き、マークダウンや店間移動判断、さらにマークダウン後の値下げによる利益インパクトのシミュレーションなど、MD業務を支援する情報提供手段が求められます。

③「販売チャネルの効率的な運営」は、主に在庫共有のことを指しています。店舗及びファッションECモール出店や、自社オフィシャルECサイトとの在庫共有のテーマです。サイト用在庫を別々に保持すると在庫が増大します。これをできるか

ぎり回避するために、在庫を一元的に管理していく仕組みが必要です。リアル店舗とネット販売側で在庫状況や売れ筋状況が微妙に違うため、鮮度のある間にリアル店舗からネット販売やアウトレット店舗へ移動する判断支援が不可欠です。

①、②、③の本部側のMD意思決定支援活動で適正在庫管理を進めますが、組織がその情報を活用できるようにしなければいけないことと、「情報」一辺倒でなく「人」による感性判断が重要なことは、言うまでもありません。

④「商品原価の低減」策として90年代より海外生産比率が上がり、主に中国で低コストによる生産拡大を図ってきました。三菱東京UFJ銀行国際業務部の資料によると、中国では2014年時点で7年前と比較して法定最低賃金が約2倍となっており、商品原価低減のために、より賃金の安い地域（例：バングラデシュ、ミャンマーなどの新興国）へ生産シフトが行われるようになってきました。

「14年の衣類の輸入浸透率が97％まで高まった」、「衣類の輸入浸透率はこの10年、前年と同水準だった12年を除いて上昇を継続。05年に比べると、3.7ポイント高まった。中国からの輸入は減少傾向だが、ASEAN（東南アジア諸国連合）やバングラデシュからの輸入が増加。国内生産量の減少もあって、輸入浸透率を押し上げてきた」、「輸入浸透率は国内供給量に占める輸入品の比率を表したもの」と、繊研新聞（2015年4月28日）にも書かれています。

コスト上昇だけがその要因ではないと考えますが、原価低減策としての海外生産は、FTAや関税面の動向、現地の生産インフラ、品質レベルの状態を総合的に見極めての展開になると考えます。

⑤「販売管理費の削減」のテーマは、いくつかの切り口があります。その一つに、生産業務の後工程として国内通関後の一

連の物流を中心にした業務効率化があります。海外生産比率が高いことから現地の生産状況（現地通関日、A品数量）をまず摑んで、日本側の物流効率化や配分に役立てたいニーズがあり、物流分野を中心に改善、改革の取り組みが進められています。調達系の上流でのSCMやASN情報がタイムリーで精度が高ければ、国内物流の入荷検品レスや店舗直送までを含めて活用できます。しかしながら、事前の検討と比較して、実際の実務状況はなかなか想定どおりとはならない現状があります。

以上のように、本部MD意思決定を迅速にするためのデータ収集と活用を中心に、ネット販売の急進に対応する顧客管理や分析、ポイント付与やクーポン等のキャンペーンマーケティング、SNS連携、物流精度の向上、生産調達情報とのタイムリーな連携等、アパレル企業課題は山積みであり、具体的な解決策が求められています。

もう一歩踏み込むと、アパレル企業は製造から小売まで幅広い領域で事業展開をしていますが、自らの既存業態に固執することなく、ダイナミックに業態変化をさせていくという点においても課題があります。製造機能が強い企業は店舗展開のノウハウが弱いとか、メーカー型SPA企業が小売型SPA企業へ脱皮しようとしても、社員の意識改革のスピードと同期しないとか、小売型企業がSPA型の良い点をまねしようして、初回配分に加えて追加フォローのMDを回そうとしても、調達と販売、店舗在庫のバランスがなかなかうまくいかないなど、業態変化改革は試行錯誤の連続です。

クライアント側では①〜⑤の個別課題対応と同時に、将来を見据えた業態展開自体を変化させようとする努力、活動が日々進められています。

第2章

アパレル商流概念図

▶アパレル企業と百貨店との取引形態

アパレル製造卸企業にとって代表的な取引先は百貨店です。百貨店の取引形態が複数あるので、図表2-1のように取引形態別に説明をします。

第1章で説明しましたが、1953年ごろから委託取引制度が、アパレル側より百貨店へ提案されました。百貨店側ニーズと相まって、「委託取引制度」は百貨店とアパレル製造卸企業へ急速に拡大しました。その後、DCブランドなどのインショップ形態拡大などから消化取引が拡大しました。

百貨店とアパレル企業との間には「買取」「委託」「消化」の3取引形態があります。

アパレル側は「買取」と「委託」は出荷基準であれば出荷時に売上計上し、先方の検収基準であれば百貨店検収時点で売上計上します（多くは出荷基準を採用)。買取でも委託でも在庫の所有権は百貨店に移るので、アパレル側は売上計上します。買取と委託の大きな違いは返品です。買取は原則として返品はありません。

委託は返品を認めている取引で、委託取引の場合は出荷で売上計上するので、月末や決算時に出荷を積み上げ「売上を作る」ことが過去においてありました。売れ残ったら返品されるので、出荷時の見せかけの売上計上は、経営上危険な行為でした。委託取引の場合は、アパレル側でしっかり店頭売上を管理すべきで、本来は日々の売上確認、店頭在庫確認をして、適正な店頭在庫管理ができる仕組みを準備することが必要な取引形態です。一方、消化仕入取引は、アパレル側は出荷時には売上計上せず、店頭販売時に百貨店側は売上、仕入を同時に計上するので、その時にアパレル側は売上計上ができます。アパレル

図表2−1　百貨店の取引形態

比較項目	買取仕入	委託仕入（委託取引制度）	消化仕入
アパレル側売上計上タイミング	出荷基準であれば出荷時、検収基準であれば検収日	出荷基準であれば出荷時、検収基準であれば検収日	店頭レジ販売時点
商品所有権	百貨店	百貨店	取引先
価格設定権	百貨店	取引先	取引先
在庫管理責任	百貨店	百貨店	取引先
棚卸減耗損負担	百貨店	百貨店	取引先
百貨店側仕入タイミング	入荷検収で仕入。納品小売売価×買取納品掛率	入荷検収で仕入。返品検収で仕入返品が発生。納品小売売価×委託仕入納品掛率	販売時点。販売価格×消化取引納品掛率
支　払	上記仕入額 値引があれば反映	上記仕入額 値引があれば反映	上記仕入額
その他	百貨店PB品や輸入品などを中心に買取制がある。買取といっても不良品や交換品では返品があるし、お互いの長い取引関係の中で返品を認める場合もある。	在庫管理責任は百貨店側にあり、商品所有権も百貨店側へ移転し、アパレル側は出荷時点で売上計上をする。アパレル側は店頭在庫をあくまでも自社在庫として管理をしないと月末や期末に返品が来て、予想外の在庫過多に陥る危険がある。そのため、アパレル側の売場管理として日々の店頭売上状況の把握（報告）を制度化させ、店頭在庫管理をきちんとすべきである。	店頭はアパレル側の管理。

委託販売：他の人の店に商品を預けて売ってもらうわけであるが、委託のために送られる商品を積送品といい、売れるまではこちらの棚卸資産として処理する（日本実業出版社編『企業の経理・会計事項取扱全書』より）という取引形態がありますが、百貨店でアパレル取引にある委託仕入とは、違う取引です。

からすれば自社在庫を、あたかも倉庫間移動のように、百貨店側（インショップ）に移して販売する形態です。棚卸在庫減耗損リスクは、アパレル側にあるので、委託取引以上にしっかりとした店頭管理が必要です。「返品条件付き買取」という取引があります。取引プロセスで分類すると買取形態で「返品あり」という条件を百貨店と取引先双方合意のもとに（納品書に「返品条件付き買取」と記載して）行う取引です。日本アパレル・ファッション産業協会ホームページでも説明されていますが、近年は第４の取引形態として、「アパレル企業と百貨店間の商取引慣行改善のための新しい取引形態」である「コラボレーション取引」があります。その基本的考えの一つに、「計画発注に対応した消化率約束・納品率約束」が挙げられる取引モデルです。

▶アパレル商流の概念図

商流の全体概念を簡単に図示しました（図表2-2参照）。

アパレル企業の業態は多様化しており、単純に言葉で説明しにくい状態です。

過去においては、製造卸企業、卸企業、小売業にほぼ分類できましたが、今は1社の中でこれらの機能を保持している会社が珍しくありません。純粋な卸型の企業は減っていると考えています。現在では、①製造卸アパレル機能に徹している企業、②製造アパレル企業が卸売保持しながら、自社店舗で販売するSPA業態（メーカー型SPA業態と表現します）、③ファッション小売業が調達系について商品企画に関与する小売型SPA業態、④バイイングがメインのファッション小売業態、以上の主に４業態があります（図表2-3参照）。製造アパレルには、生地や資材を自ら手配して、縫製工場に加工委託する「委託加工」と、企画した内容をメーカーや商社に発注して「製品仕入(OEM)」で調達する方法があります。

③、④の業態ではOEMだけでなく、ODMという調達形態で、メーカーからの仕入が多くあります。販売においては、百貨店や小売業に卸売をする形態、自らの店舗で販売する形態、この両面を持つ形態があります。

ファッションビルや駅ビル、ショッピングセンターに出店した場合は、家賃と売上料率を館側に支払うことが多いです。

近年拡大しているネット販売（EC）においては、ファッションモールへの出店は消化取引が一般的です。

アパレル企業の業態からその企業の調達系、販売系の業務全体観がおおよそ見えてくるので、クライアントの課題検討のためには、この両面の実態把握をしていくことがとても重要になります。

▶アパレル業態説明

一言で「アパレル企業、ファッション企業」と言ってもさまざまな業態があり、適用業務の範囲が違います。まず業態について整理してみます。大きな業態分類では、以下の分類がありますが、現在では、業態が重なり単純な分類はできません（図表2-3参照)。もともと、どの業態から創業したかを押さえることは、その後業態が変化したとしてもその企業の管理モデルを探る上で有効です。

図表2-2　アパレル商流の概念図

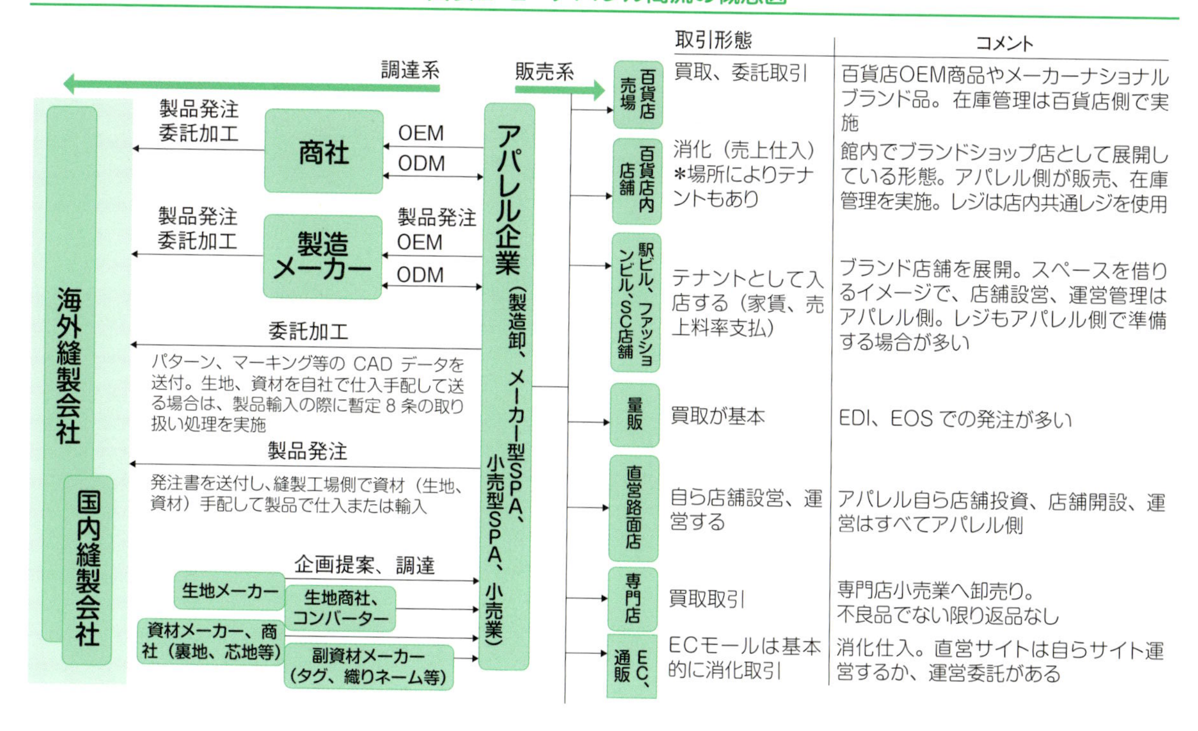

図表2-3　アパレル業態の種類

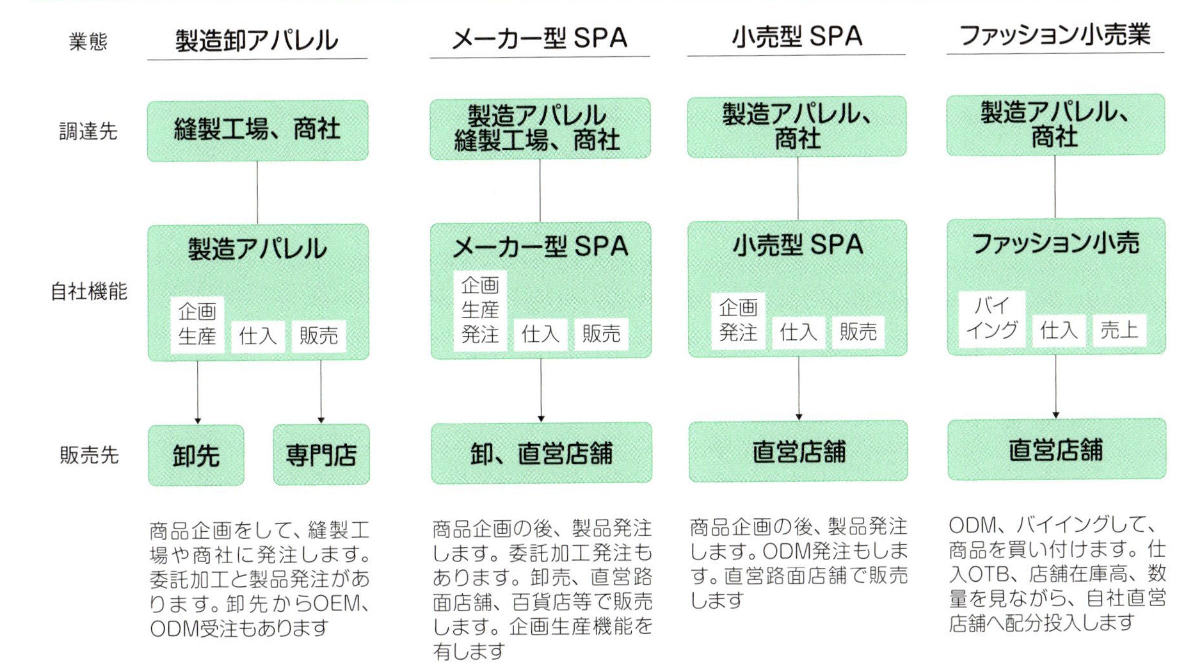

第3章

一般的な販売管理の基礎

▶販売管理の業務イメージ

アパレル業の適用業務説明の前に、一般的な販売管理の説明をします。販売管理業務について知識をお持ちの方は、当章をパスして「第４章　アパレル適用業務全体概要図」の解説へお進みください。販売管理は「売ったり、買ったり」の取引の積み上げである「商い」の業務を管理することですが、読者の皆様で全くこのような仕事の経験がない場合は、業務のイメージがわかりにくいかもしれません。

個人的に「友達に中古の家具を安く売る」という行為とは異なり、会社が「商い」を行う場合は、取引ごとに「売る」という行為であれば売上伝票があり、「買う」という行為では仕入伝票で記録を残します。私も社会人１年生の時にまず教えられたことは、売上伝票や注文伝票、仕入伝票の意味や書き方でした。この伝票は取引の内容について一定の様式で記載された記録であり、取引の証拠となる大事なものです。伝票１枚であっても取引金額により、１万円札を高く積み上げるお金に相当することもあるのです。

簡単に取引の例を説明します。

仕入した（買ってきた）商品を売る。仕入代金を支払い、売上金額のお金を回収する。その差が粗利益。商売（商い）はこの積み上げです。

会社として「商い」の管理とは、どこから何をいくらでいくつ仕入して、だれにいくらでいくつ売ったかを管理すること。その仕入代金がきちんと支払われているか、売上代金の回収も滞りなくできているかを管理することが基本となります（図表3-1参照）。

応用問題とまではいきませんが、仕入が10個で販売が５個の場合、５個の手持ち商品が残ります。この商品管理をするこ

図表3-1　仕入して販売する時の基本モデル

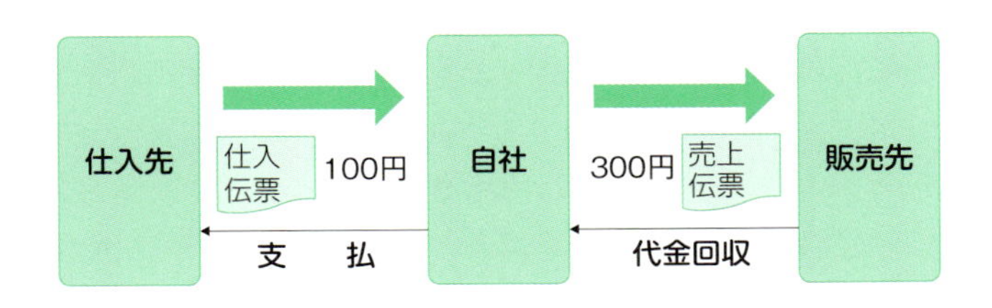

とが在庫管理という業務になります。ある程度の規模の企業では、商品在庫として何千、何万点あることが普通ですので、在庫管理に関するテーマは多岐にわたります。

「商い」の業務を管理することが販売管理であるというイメージはご理解いただけたでしょうか。実際には、商品を仕入するには、見積、契約、発注という業務があり、商品が入荷して仕入計上、支払という業務があります。また売上を上げるには、受注、出荷、売上計上、請求、入金という業務があり、仕入支払、売上請求入金は債権債務管理と言います。在庫があれば在庫品を販売することになり、なければ発注をして仕入をして販売することになります。仕入をし、その仕入の支払をしなければならないので、支払をいつする（した）かも販売管理の範囲となります。めったに受注がないものは在庫を持たず、注文があった段階で発注するやり方（受発注連動）もあります。商品特性、取引ルールで、受発注のバリエーションは多岐にわたります。

　この前提として新規取引であれば、先方と取引契約書を取り交わし、見積書作成、見積合意というプロセスが事前にあります。続いて、仕入先へは注文書を発行します。注文書には取引の５つの条件である仕入先名、商品名（品番）、仕入単価、数量、納期が記載されます。プラス記載として納品場所の指定を行います。自社倉庫に入荷させないで直送する場合もあります。

商品と納品書を受け取ったら検品という作業を行い（通常は員数検品という検品で商品が注文書と間違いないか、数量が注文どおりかをチェック）、また、仕入単価が正しいかをチェックし、仕入計上の処理で在庫に計上されます。次に販売先の納品期日に合わせて商品を出荷します。この時に売上伝票をつけて商品を販売先に送ります。販売先から受領書や送り状の着荷証（運送会社経由）を回収します。販売先の請求締め日に合わせて請求書を発行し、代金を回収します。仕入先へは仕入先からの請求書の到着を待って、自社支払締め日に合わせて代金を支払います。

「販売管理」の範囲は受注⇒出荷⇒売上計上⇒売掛（請求・入金）、発注⇒入荷⇒仕入計上⇒買掛（支払）、これに在庫管理を加えた構成です（図表3-2参照）。

販売管理とは、商品やサービスの見積をし、販売し、代金を回収するまですべて管理する業務です。

近年では手書きで伝票を起票しても、そのデータはシステムに登録され、システム上で管理されることが大半となりました。その延長でペーパーレスと称して伝票自体を紙で残さない形態も生まれています。ただ、システム化がどうあれ、取引の証拠を残すことは決められており、データとして保存して、必要な時に印字したり、伝票データを取り出せるようにすることは、仕組みとして不可欠なことです。

データ項目について少し説明します。あるところ（仕入先名や仕入先コード）から、白無地のＴシャツを800円で100枚買う。これにプリント加工（加工先名、加工先コード、加工作業料500円）して、2500円で100枚を売り手先会社（販売先名や販売先コード）に売る。

以上の情報に仕入日、加工依頼日、売上日といった各日付を加えると、仕入、加工、売上のそれぞれの取引について、「いつ」「何を」(「どこから」「どこへ」)「いくらで」「いくつ」という取引の５つの基本情報が揃います。

仕入や売上データは、取引日付、伝票番号、仕入先番号（得意先番号)、商品コード、単価、数量、金額、消費税といったデータ項目を必ず準備します。

第3章

商品の動きに伴って、これらの情報を記載した伝票が相手側へ送られます。伝票にはこれらの情報を書く欄が必ずあり、取引の管理のために伝票番号を付番します。経理部門では販売管理の取引を会計上の仕訳（各種帳簿や元帳）処理を行います。

会計監査では取引証拠である伝票類は監査証跡と称して、商法に沿った保管が必要です。販売管理の各種取引は、最終的には会計処理（財務会計、管理会計）に繋がることを忘れてはいけません。クライアントのシステム化を検討する場合は、取引の伝票類を集め、記載されている項目を洗い出し、伝票種類（種別）で取引の違いを確認します。単価などの金額欄では桁数、小数点以下の有無、端数の四捨五入の仕方などに注意します。マイナス扱いで処理する取引もあります。例えば売上に対しての返品です。記入間違いや入力間違いを訂正する場合などの赤黒処理、伝票取り消しなどの処理もあり、処理のルールをきめ細かくヒアリングすることが重要です。

さらに少し解説してみます。日々、仕入や売上といった取引が発生しますが、取引の都度お金を払ったり、集金したりすることは大変な手間になるので、取引に先立って契約書を交わし、相手先の与信限度を設定して、支払の締め日、請求の締め日を決めて、締め日までの取引を集計して、相手先に支払や請求を行います。

また、伝票類は担当者が勝手に起票して取引することはできず、必ず上司や経理部門の「承認」という手続きを踏みます。伝票類は締め日単位で綴り保管します。さかのぼって調べる場合もあるので、取引の伝票はすべて保管しておかねばなりません。近年では電子データの送受信があり、伝票レスという形態をとる場合がありますが、調査に備えて取引の単位で該当伝票のデータ提示ができるようにしておく必要があります。

以上の説明から仕入、売上の取引のイメージを想定していただけたでしょうか。一般的な販売管理業務を図にしますと以下のようになります。

この図表では中央の「自分の会社」から見て、販売先を「得意先」、販売する商品の発注先を「仕入先」と表現します。「適用業務（Application)」とは、システム化対象の業務範囲のことで、販売管理の適用業務は、図表3-2の業務で一般的には構成されます。

図表3–2　一般的な販売管理業務

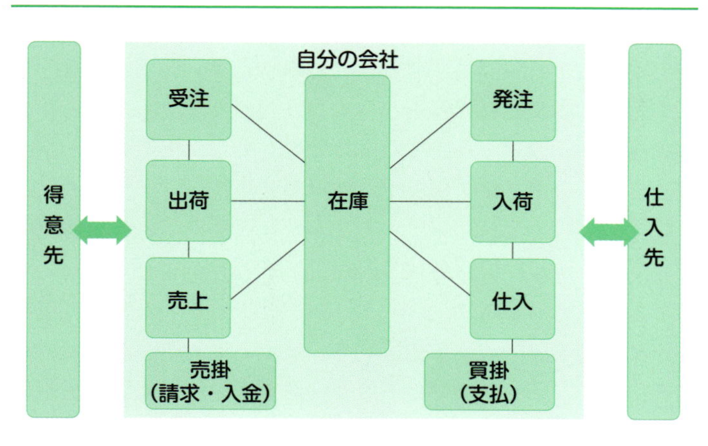

●受注

受注とは注文を受けることですが、この業務をよく考えてみましょう。何もしていないところから急に注文が舞い込むことはほぼありません。買い手側が注文できる状態、すなわち「何（品名や品番）を、いくらで、何個、いつ、いつ支払いで」という条件が、明確に買い手側へ伝えられないと買い手側は発注ができず、注文を受けること（受注）ができません。

そのため、一般的な営業活動では商品見本を提示し、見積書を作成し、双方で見積内容を合意します。初回取引では取引の契約書を締結します。取引に継続性がある場合は、注文の都度契約書を交わすことはせず、個別の取引は見積書・注文書、注文請書形式等で取引を成立させることを契約書に記載し、注文をもらいます（本書では、営業活動の内容や契約書記載事項については省略します）。

適用業務では受注業務の中に「見積システム」や「見積書、注文書、請書発行システム」を含めて構築しないといけない場合があります。本書の本論であるアパレル業界では、取引は継続性のある仕入先と行われることが多く、商談にて商品仕様や単価、納期が決められ、あとはアパレル側からの注文（発注）書が発行されることが多いと理解しています。

注文の受け方は、注文書を入手するほか、電話やFAXでの

図表3-3　受注

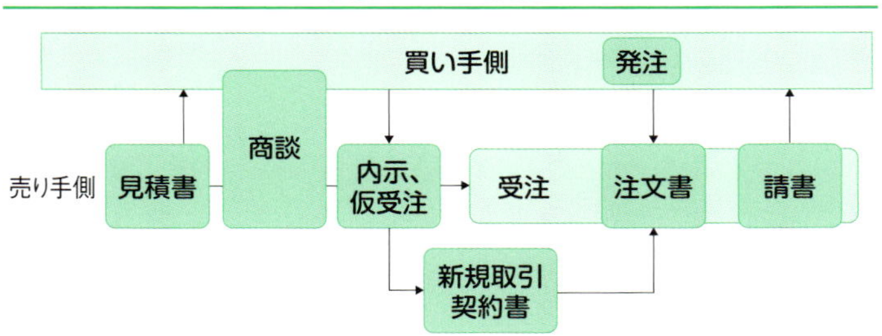

注文もあります。経路はどうあれ、得意先名、何を、いくつ、いくらで、いつの納期でという条件は最低限必要です。これに納品場所や荷姿の条件を登録管理します（図表3-3参照）。

受注と在庫情報は連動しています。受注処理で在庫情報を参照して、販売可能在庫があれば受注済み引き当てをし、他の受注分で在庫が押さえられないようにします。また、在庫を持たない商品で、受注分を発注処理する場合は、受発注連動型の処理を仕組みとして組み込みます。

受注分を全量出荷できない場合は、受注残数を得意先別や商品別、受注番号で受注残管理する必要があります。消し込みについては受注番号からの消し込みや、一括消し込みの機能が求められます（図表3-4参照）。

図表3-4　受注と在庫情報

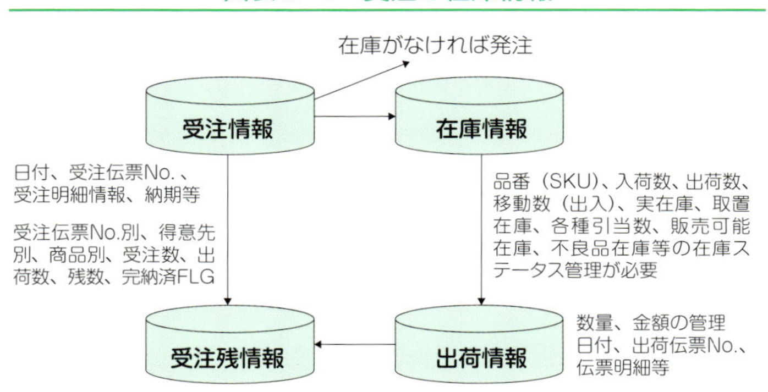

注意：説明用のモデル図です。実際のシステム構造や矢印でのデータの流れは厳密に表現していません。以降の図も同様です。

●出荷

「出荷」業務は商品を得意先へ送付することですが、いろいろなバリエーションがあります。

受注した商品を買い手側へ出荷する時、この出荷で所有権が相手に渡され、売上計上となる（債権が発生する）場合と、商品は出荷するが出荷時点で売上計上しない場合があります。後者は見本品、取り換え品、配送先が直営店舗などで、自社在庫のまま移動する処理で、在庫保管場所が自社倉庫から別保管場所へ移るだけです。さらにアパレルの消化取引のように商品在庫は自社のままで、相手先で販売したものだけを売上計上するような場合もあります（図表3-5参照）。

代表的な出荷処理について説明します。

受注処理した商品について、納期に合わせて出荷指示をかけます。出荷業務では、ピッキングリストを発行し、商品をピッキング、在庫が欠品していればピッキングリストに訂正記載、出荷入力（不足分訂正入力）をして出荷データ確定、納品伝票発行、出荷明細データ送信、送り状発行をする業務等があります（図表3-6参照）。

図表3-6は伝票後出しの場合ですが、在庫精度が高く維持できる場合は、伝票先出しも可能です。ピッキング作業の効率化として、一番簡単な出力順は、商品別順の表示ですが、実際の保管棚に並んでいる順と違う場合は、ピッカーが倉庫の中で行ったり来たりを繰り返すことになります。物流側管理がロ

図表3-5　出荷

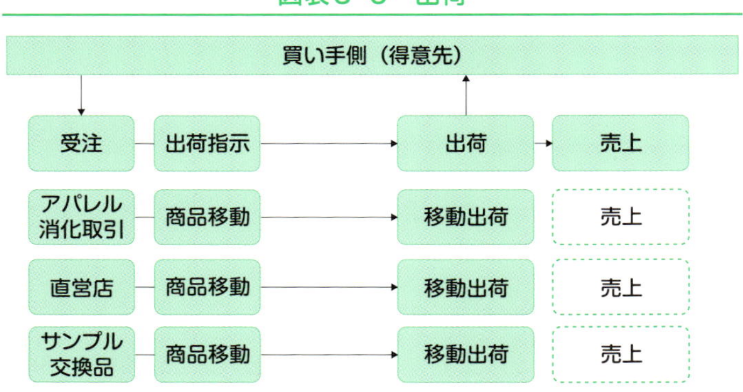

他、相手先受領日基準で売上計上の場合など。

ケーション別に商品保管ができていれば、ピッキングする商品を棚の並び順に表示させることができます。通常、販売管理側システムは、物流側の細かいロケーション別保管情報までは保持しないので、ある程度の規模になると倉庫管理システムとの連動が必要となります。

実際のピッキングでは、種まき、摘み取りの方式、ソーターシステムやハンディターミナルなどを使ったやり方、そのほかこれらの組み合わせがあり、ピッキングリストの出力形態は、単純商品順（一般的には小規模向け）、棚番順、出荷先順、配送方面別、さらにトータルピッキングと種まきの併用型など、商材や業態により多岐の形態があります。また、仕入先から販売先へ商品を直接納品する直納という形態があり、販売先から受領書の回収をして、仕入と売上を同時に計上する方法もあります。

図表3-6　出荷処理

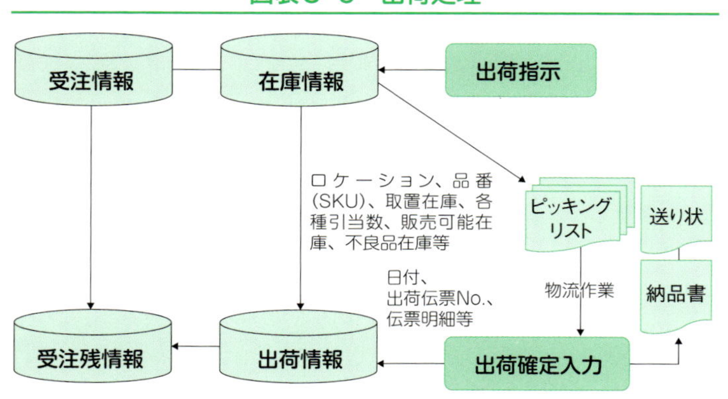

●売上

「売上」計上処理をすると、得意先へ債権（お金の請求）が発生します。

出荷した段階で売上計上する会計ルールであれば「出荷基準の売上計上処理」となりますし、先方の受領印をもって売上計上する会計ルールであれば「受領基準の売上計上処理」となります。

直送売上処理の場合、受領基準が一般的です。仕入先から商品を自社倉庫を経由せず、得意先に直納する場合で、得意先から受領書を回収して、仕入伝票と一緒に仕入と売上計上を同時に行います。出荷基準では、出荷伝票＝売上伝票を発行するタイミングに課題が生じることがあります。在庫がある前提で伝票発行していても、実際に在庫が不足したような場合は伝票訂正を行います。

つまり、この伝票訂正や直前の納期変更連絡を待って「出荷確定処理」を行って、売上計上することもあります。出荷確定処理は、出荷指示どおり商品が揃わない場合の伝票訂正や納期変更、送付先変更などの対応を済ませた当日の出荷の最終確定として行う処理です。

さらに、確定後の変更もあり得るので、確定戻し、再確定など、仕組み上はこの点も考慮が必要です。

得意先債権管理では、伝票単位の売上日、得意先コード、売上伝票番号、売上金額情報は必須ですが、入金の消し込みを考えると、伝票の行明細情報も必要です。

販売管理ではどこの得意先に何をいくつ売ったという実績管理が、営業アプローチ上、重要な情報となります。他に、与信限度チェックが必要ですが、受注業務があれば、受注段階で行うほうが良いでしょう。実務面ではいきなり出荷して売上計上ということが多々ありますので、債権額をチェックして出荷計上段階でもアラームがかかるようにします。アラームが出れば出荷保留とし、判断は営業部門に連絡確認という手順になります（図表3-7参照）。

図表3−7　売上

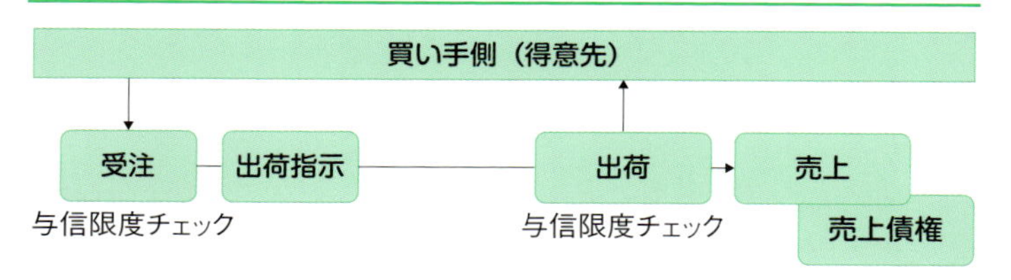

「売上処理」の考慮事項

消費財系メーカーで商品を卸売する際の販売単価の算出については、店頭小売価格から得意先別の納品率（掛率）を掛けて、販売単価とする場合があります。一方で生産財系の売上処理は、得意先別契約単価での販売が多いです。出荷指示の処理では、単に商品をいくつ出荷するという処理だけでなく、販売単価のセットのロジックの組み込みが必要です（図表3-8参照）。

直送、先日付、先方受領基準で売上計上のタイミングが変わ

図表3−8　売上処理

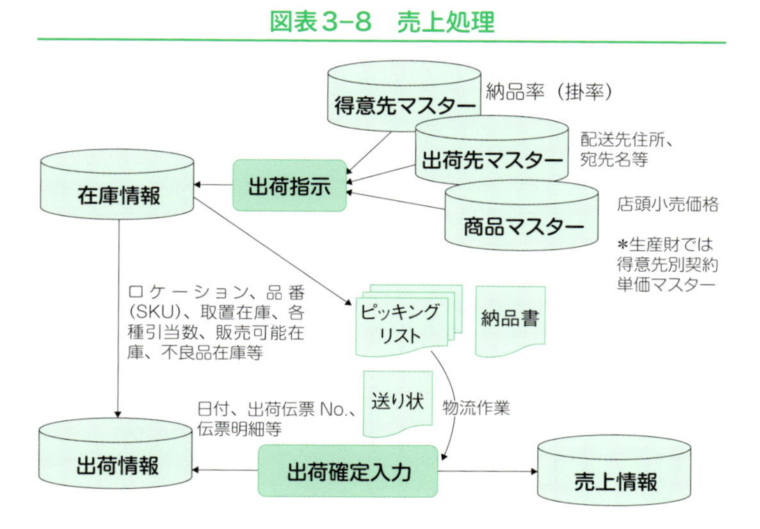

るので、クライアントの取引形態をよく確認して対応することが必要です。

●発注

発注とは注文を出すことです。仕入先に対して見積依頼をして、仕入する商品の品名、品番、仕様、単価、注文数、納期を双方確認した上で、注文内容の合意をします。新規取引であれば購買契約を結び、発注書作成をして注文します（図表3-9参照）。

図表3-9　発注

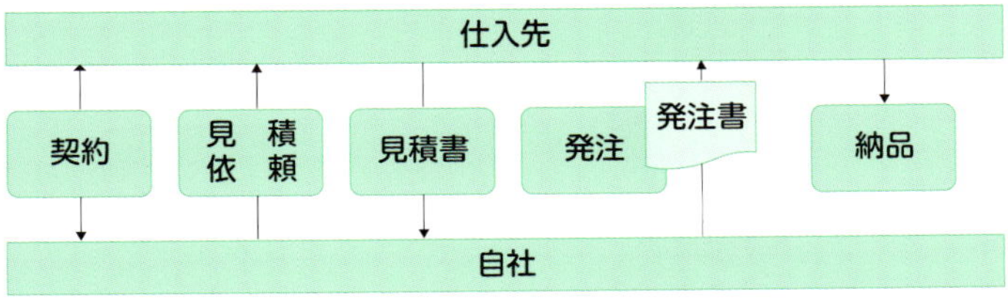

仕入先
契約
見積依頼
見積書
発注
発注書
納品
自社

＊注文と発注について

商品や形が決まっているようなものの場合に「注文」という言葉を使うことが多いようです。注文を出すことを「発注」と言っています。その商品を受け取った時に支払い義務が発生します。一方、サービスなど役務の提供で、その作業が完了した時点で検収をして、支払い義務が生じるような場合に「発注」という言葉を使うことが多いようです。

流通業の適用業務では、一般的には「発注」という言葉を多く使います。「製品発注書」、「発注書」というように商品でも発注という表現が多くあります。

発注業務では、販売する商品を仕入先へ注文して商品を受け取ります。注文する商品（品番）、仕様、数量、単価、納期について発注（注文）書に記載します。管理ポイントは発注単価と仕入単価に違いはないか、納期遅れや分割納品はないか（納期管理、分納管理）、発注数全量が入荷しているか（発注残管理）などです（図表3-10参照）。

図表3−10　発注業務

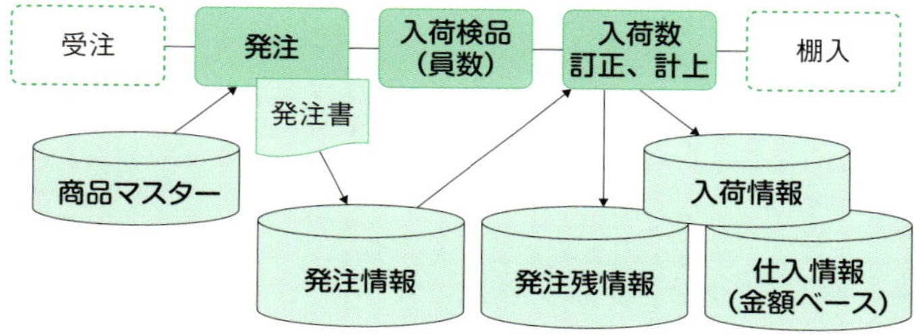

受注
発注
入荷検品
（員数）
入荷数
訂正、計上
棚入
発注書
商品マスター
発注情報
発注残情報
入荷情報
仕入情報
（金額ベース）

●入荷

入荷は商品が物流センター等に着荷して、入荷計上処理を行うことです。

物流センターの業務では、商品が着荷すると、送り状の記載個数と入荷ケース個数をチェックします。これが違うと運送会社へ確認依頼をします。結果が判明するまで、入荷作業を進めないこともあります。個口数がOKなら送り状に受領印を押し、入荷員数検品に入ります。全数チェック、抜き取りでチェック、ケース記載の明細数でチェック、事前にASNデータがあれば員数検品レスをするなど、さまざまな処理方法があります。

事前出荷情報データ（ASN）を入荷予定データとして入手している場合は、SCMラベルスキャンで入荷計上する方法も進んでいます。

臼井秀彰・田中彰夫著『ビジュアル図解　物流センターのしくみ』（同文舘出版、2011年）では、この方法について「入荷予定データとは、入荷される商品の内容や数量が事前に物流センターに送られてくる情報で、ASN（Advanced Shipping Notice＝事前出荷情報）データとも呼ばれています。物流センターでは事前に入荷予定データをハンディターミナルなどに取り込み、入荷された商品の物流ラベルやバーコードなどを読み込むことでデータと商品を確認し、すばやくかつ正確に検品業務を行なっています」と説明しています。

SCM（Shipping Carton Marking）ラベルとは、伝送されるASNデータと納品された商品とを照合するため、納品される段ボール箱やオリコン（折りたたみコンテナ）に貼られるバーコードラベルのことで、SCMラベルをスキャンすることで、ケース明細データを読み込んで、ケース単位で入荷明細登録します。

入荷数の入力をして入荷数と伝票数の一致、あるいは入荷数のASNデータとの一致をもって、入荷計上します。取引先とのビジネス連携が進んでいない場合は、商品登録マスターとのチェックも行い、発注単価チェック、発注数と入荷数チェックを行うことも多いです。また発注との連動で発注残管理も行います（図表3-11参照）。

図表3-11　入荷

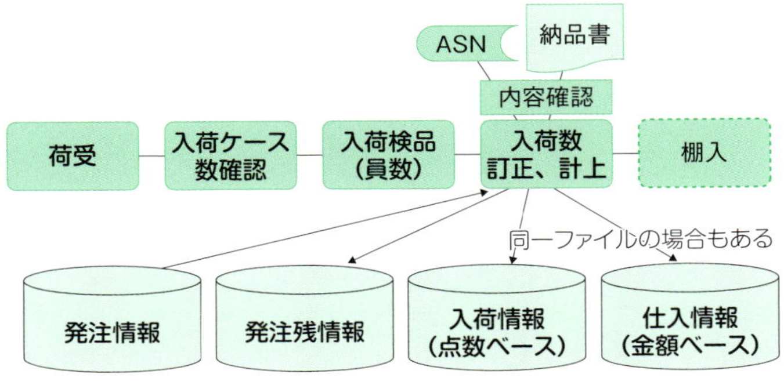

ASN
納品書
内容確認
荷受
入荷ケース数確認
入荷検品（員数）
入荷数訂正、計上
棚入
同一ファイルの場合もある
発注情報
発注残情報
入荷情報（点数ベース）
仕入情報（金額ベース）

●仕入

入荷計上により仕入処理を行います。仕入は、仕入先から在庫所有権移転、在庫計上、債務の発生までの流れを指します。

入荷日、納品伝票番号、入荷製品番号、個数、単価、仕入金額が基本情報です。

発注情報との照合のため、発注番号は重要な情報ですが、業界や企業規模によっては、納品伝票に発注番号の記載が徹底されていないことが多々あります。

もう少し細かく説明しますと、入荷計上段階で発注単価や発注納品数に違いがあった場合、伝票訂正をします。特に単価違いの場合は、商品管理上は入荷計上を進めるものの、入荷計上即仕入計上とはせず、保留状態にし、確認後に仕入計上とするなどの段階を踏む必要があります（強制的に仕入単価にマスター単価を採用することもあります）。

また、経理面では仕入計上＝帳簿在庫計上＝在庫所有権移転となります。

販売管理の適用業務パッケージでは、入荷計上＝仕入計上＝在庫計上の処理が一般的です（図表3-12参照）。

図表3−12　仕入

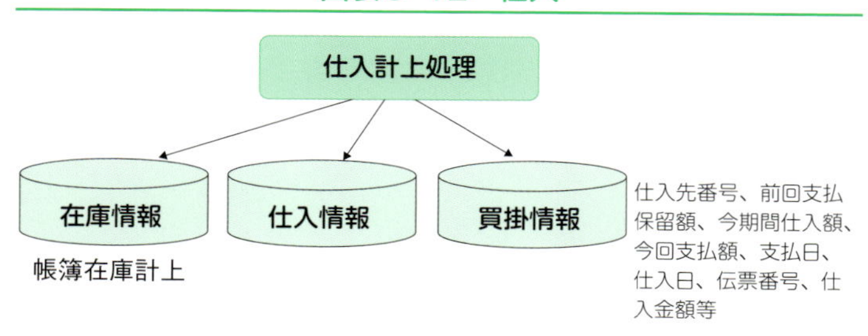

●在庫管理

以前の勤務先で、私が尊敬する上司から「在庫管理は家にある冷蔵庫をイメージするとわかりやすいよ」とアドバイスを受けました。

ドアを開けて目の前に置いている商品は、よく使っている商品か買ってきたばかりの商品。つまり、売れ筋とか新規投入商品のイメージです。これに対して奥のほうにある商品は、めったに使わない古い商品で存在自体を忘れたような商品。つまり、滞留品、不良在庫品のイメージです。

牛乳やビールはどうでしょうか。なくなりそうであれば、切らさず買って保管します。これは、在庫管理の欠品防止の行動に繋がります。卵はどうでしょうか。卵の上には賞味期限のシールが貼ってあります。新規購入の新しい卵と保管してあった卵では、古いほうから使います。これは在庫管理の賞味期限管理や、先入先出法といって、古いものから出荷する在庫管理手法と同じです。

知らず知らずに身近なところで行動している事柄が、流通業での在庫管理に結びつきます。流通業適用業務においては在庫管理は極めて重要なテーマです。

他に在庫管理のキーワードとしては、単品管理や一品管理、ケース・ボール・バラでの管理、生産ロット別管理などがあります（図表3-13参照）。

欠品を生じないように発注しますが、この発注点の管理も大切

図表3–13　在庫管理

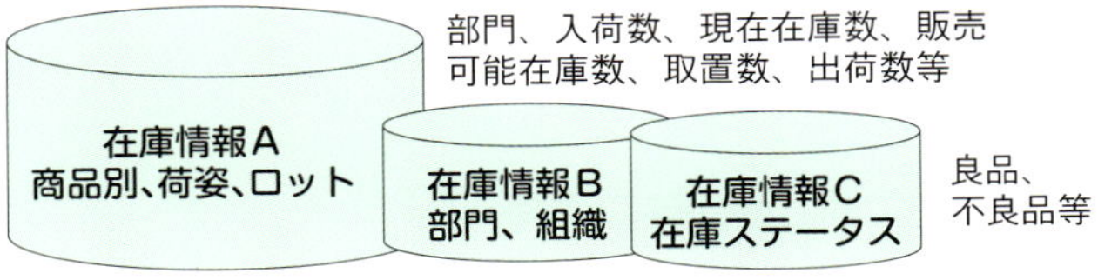

在庫ファイルは用途に応じてさまざま。
互いに整合性をとって複数持つことが良いです。

なポイントです。安全在庫といって在庫数が○○点以下になったら発注するという基準在庫の設定ができる商品群もあります。

●売掛管理

現金での取引でなく、掛売りの場合において、売上計上と同時に、得意先へ売上債権が発生します。

この売上債権（お金を請求する権利）について、手形を保有していれば受取手形として、それ以外であれば売掛金として管理をします。

具体的には、売上計上をしたら、得意先の締め日に合わせて請求書を発行し、入金があれば入金入力をして売掛金の管理を行います。管理に必要なデータ項目は、得意先番号、売上日、伝票番号、売上金額等で、得意先請求締め日に合わせて、前回締め日からの残高、入金額、期間の売上高を合計して、今回締め日の請求額を確定します。

確定させる前に仮締めを行い、請求データのチェックや修正

図表3-14　売掛管理

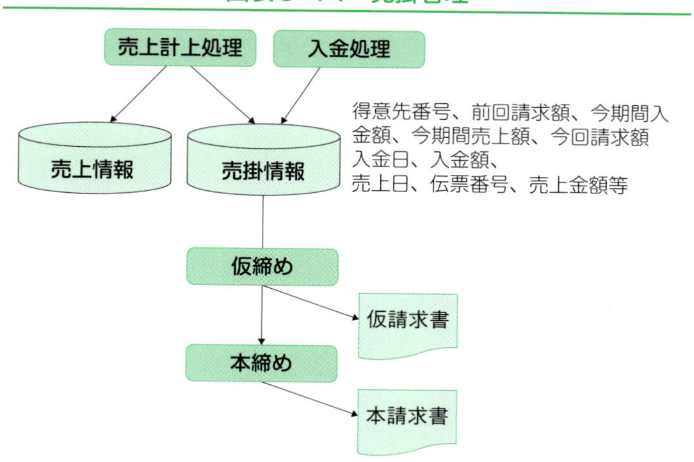

を行います。入金からの消し込みは、伝票単位、伝票明細単位、請求単位など複数の選択があります（図表3-14参照）。

●買掛管理

現金での取引でなく掛取引の場合において、仕入先から商品を仕入すると、仕入先へ支払う義務（債務）が発生します。

この債務について、手形があれば支払手形として、それ以外であれば買掛金として管理をします。

具体的には、仕入計上（単価、数量は発注情報との確認がとれている状態）をしたら買掛ファイルに更新し、当方側の支払締めのルールに従って支払いをします。仕入先の請求書が来てから、仕入伝票受領書との照合を経て支払う場合もあります（図表3-15参照）。

図表3-15　買掛管理

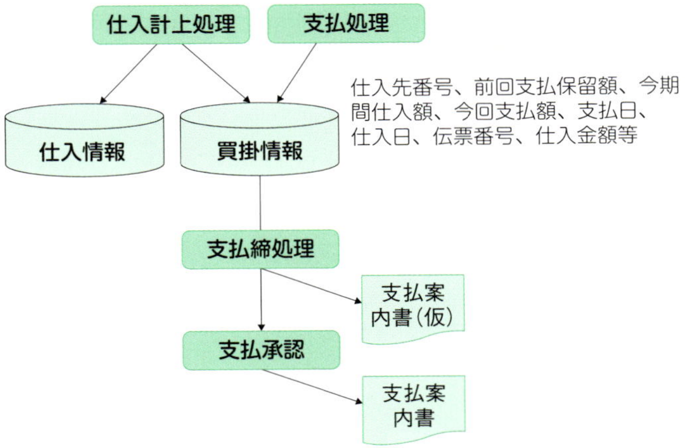

第4章

アパレル適用業務
全体概要図

▶アパレル適用業務の概要

アパレルの適用業務は、アパレル企業の業態によりかなり違います。図表4-1は、メーカー型SPA業態を示した例です。

中央に本部側の業務を記載しています。

生産業務があれば「企画生産業務」が存在します。また、専門店小売業への卸売りがあれば、「展示会受注」があります。

計画系は、経営事業予算、努力予算を背負った営業部門予算が並存するケースもあり、単純な積み上げやブレークダウンで整合性がとれないことがありますが、計画立案の精度は業績進捗管理をする上で、重要な要素であることは言うまでもありません。

MD支援業務は、本部MD部門が意思決定をするための、情報活用分野です。移動判断やマークダウン判断のために、情報系と指示入力系の両方の処理が求められる適用業務領域です。

販売管理分野とは別に業務定義したほうがしっくり馴染むと考えます。仮説検証といわれる分野も、このMD支援領域と考えます。

顧客管理は店舗及び本部側の業務です。

販売した商品をどのようなお客様が購入したか、その時、一緒に何を購入したか、過去においてこのお客様はどのような商品を購入したか……など、顧客と商品情報をクロスして分析することが、販売や商品企画の両面で重要な情報となります。自社ECサイトも増えており、店舗とECサイト間でのポイント連携や、「サイトで買って受け取りは店舗で」というクロスチャネルや、オムニチャネルを意識したお客様へ、より付加価値のあるサービスの提供を実現する分野です。

図表4−1　アパレル適用業務全体概要図例

生地商社
受注
生地納期
反番別
メーター明細

資材商社
受注
予定納期
明細情報

副資材メーカー
受注
予定納期
明細情報

仕入先
受注
予定納期
増減産報告
確定納期
納品明細

縫製工場
受注
予定納期
裁断報告
確定納期
出荷情報

アパレル CAD
パターンメーキング
グレーディング
マーキング

企画生産
企画台帳
生地発注
資材発注
加工指図
進捗管理
原価管理

展示会
展示会受注
受注集計
受注書

計画　予算
販売予算
商品計画
在庫計画
店舗販売予算

MD 支援業務
品番別動向
消化率管理
配分決定支援
移動判断支援
マークダウン支援
利益シミュレーション
チャネル間移動
実績管理

顧客管理
顧客情報
購買履歴
共通ポイント
顧客分析

本部　販売管理
発注
入荷配分
移動指示
在庫
棚卸
受注
出荷指示
売価変更
在庫調整
評価替
発注配分
（自動補充）
売上
部門間移動
売掛
入荷
出荷
返品
品番振替
買掛

経営情報、管理会計

財務会計

EC サイト
商品アップ
受注
決済
出荷
顧客管理

店舗
入荷
返品
在庫
売上
移動
棚卸
マークダウン
顧客管理

物流
荷受
仕入
ピッキング
自動補充
返品
セット組み
入荷
在庫
出荷
貸出
移動
棚卸

第5章

アパレル企画生産業務

▶企画生産分野の全体説明

企画生産業務のうちで商品企画業務は、アパレル会社としてブランドコンセプトに沿って、商品デザイン検討や素材（表生地）選定をして、商品を創り出す企画を行います。前期（季）の反省、来期（季）に向けたトレンド把握をし、素材提案を受けながらテーマやコンセプトをまとめます。

デザイナーはデザイン画に落とし込み、パタンナーは素材特性を考慮しながらサンプルパターン（型紙）作成をします。パターンと素材特性（収縮率、特殊素材では縫製難易度、取り扱い条件）から縫製仕様書を作成し、縫製上の注意点やお客様側の商品取り扱い注意点を整理します。サンプルを作成して、量産に向けた仕様内容の確認を進めます。デザインや仕様をまとめるために１点サンプル、量産判断までには各色サンプルを作る場合が多いです。

さらにどれだけ作るかという計数面の計画について、シーズン別販売計画と整合性をとって生産数を検討します。組織面では、企業ごとに呼び方が微妙に違いますが、「商品企画部」とか「商品部」という部署名が多いです。登場人物は、デザイナー、パタンナー、マーチャンダイザー（MD）と呼ばれる人です。

自社で縫製工場を持つアパレル企業は極めて少なく、多くはパターン、縫製仕様書、加工指図書（発注書）を縫製工場に渡して生産をお願いします。注文主のアパレル企業側がパターン、表生地、資材、副資材をトータルで手配して、「委託加工」として縫製工場に加工料（工賃）を支払うこともあれば、パターンと表生地、特殊資材（ブランド固有のデザイン資材）のみをアパレル企業が手配し、裏地、芯地などの資材は縫製工場側で手配する、資材工賃込みでの委託加工もあります（表生地は生地、裏地・芯地・ボタン・ファスナーなどを「資材」、織りネーム、洗濯表示、ブランドタグ、ケア表示ラベルなどは「副資材」と呼ぶことが多いです)。

今日では、アパレル企業を一概に業態で括ることは難しく、第２章のアパレル業態説明で記載していますが、「A．自社より企画提案をアパレル企業にして相互で企画修正して、生産してアパレルに卸す（製造卸アパレル）」、「B．自社で企画し生産して自社で販売する（メーカー型SPA）」、「C．自社の企画をアパレルメーカーに伝え、仕入して販売する（小売型SPA）」、「D．アパレルメーカーの商品を買付して自らの店舗で販売するファッション小売業」の大きく４分類があると考えます。

さらにアパレルメーカーから注文をもらって製造する「縫製工場」の適用業務分野があります。このような分類をして、アパレル会社の適用業務を把握していくことが重要です。「縫製工場」については、本書ではアパレル企業には分類せず、該当の適用業務説明は省略します。

生産管理業務はＡとＢの業態に存在します。企画台帳（品番設定)、生地発注（仕入)、資材発注（仕入)、加工指図（工場投入)、仕掛管理・増減産管理・納期管理の生産進捗管理、原価管理などが主な業務です。生地・資材発注の業務範囲も含まれますが、その在庫管理が必要な場合があります。商品在庫とは違い、生地や資材の在庫管理の単位（個数、メーター数、反数）がありますので、在庫管理のためのファイル類は別立てで持つ仕組みが必要です。企画生産業務全体をシステムカバーしようとすると、販売管理基幹システムと同程度か、それ以上の仕組みが必要になります。

▶アパレル生産管理と一般的な生産管理との違い

アパレル生産管理業務は、自動車や機械のような部品展開で生産を管理するイメージはあまり馴染まないと思います。食品業であるジュースなどの液体や、化学工業品、例えば洗剤などの生産管理とも違い、アパレル独特の生産管理業務であると考えます。

材料は生地（布地）であり、表生地、芯地や裏地も、使用部位によって裁断をして小さいパーツとなるのですが、「部品」として番号を付けて、部品在庫として管理をするようなことは、現実的にはほとんどないからです。

数量面では、裁断時に指定される生産ロット数のカラーサイズ別数量分を裁断し、生産ロット内で使い切ることが経験上ほとんどでした（つまり、裁断したパーツを部品在庫として残さない）。

コスト面で言うと、1着分の要尺算出までで、カットしたパーツ単位の原価を算出して、積み上げるようなことはしません。ボタンやファスナーなどは仕入先（メーカー）より仕入するので、材料管理は必要と考えますが、資材全体を1着分のパーツごとに分解して所要量計算するようなことは基本的にしないと考えています。

定番品を安定的に大量に製造する縫製工場などでは、縫製パーツを部品として管理することが求められる場合がありますが、少数と考えます。縫製工場側では大手になればなるほど、資材管理や製造原価管理が求められるので、その現状管理レベルと現実的に管理すべき水準を、よく聞き取り調査して判断することが求められます。

▶アパレル生産の資材在庫管理と原価算入について

一般的なアパレルメーカーの場合、生産は縫製工場へ外注します。この場合の見積原価は、生地の見積要尺に生産予定数を掛けて、必要メーター数を算定し、そのメーター数と生地単価を掛けて、生地仕入予定金額を計算します。

生地は反物の状態になっているので、生地商社やコンバーター側で必要メーター数をカットできない場合、仕入総反数の総メーター数を生産数で割って1着当たりの生地金額を算出します。残反を棚卸資産計上するならば、仕入総メーター数から残反メーター数を引いて、使用総メーター数を算出して生産数で割って1着当たりの生地原価にします。一般的には前者が多いようです。

つまり見積原価計算では、見積要尺から生地金額を仮計算して1着分の生地代を算定しますが、実際原価計算は仕入メーター数に生地単価を掛けた生地仕入金額から、生産数で割って1着分を算出します。さらに増減産があればこの分を考慮して1着分の生地代を算出します。

資材は、裏地、芯地、パッド、ファスナー、ボタン、袋地、ステッチ糸、縫製糸などです。芯地の中には襟芯や生地強度や安定性のための接着芯など種類が多種あります。これら使用資材をメーカー名や資材番号別に、使用量を個別に計算してシステムに登録することは、入力の手間がかかり、あまりお勧めしません。加工指図書や縫製仕様書の資材使用名称一覧の記載事項を、パターン化して原価計算用の資材分類登録をすることが多いようです。

例えば、生地、裏地、特殊資材、ボタン、ファスナー（メンズ重衣料であれば、パッドやカラークロス、マーベルト）等、原価の高い構成要素だけを抽出して資材原価項目とし、芯地や縫製糸などは「その他資材」で一括りにする例です。あまりマニアックにシステムを整備してしまうと、運用負荷が大きく、活用しにくい仕組みになってしまいます。

縫製を専門にする工場では、自社で準備しておく資材があります。汎用的に使用する糸、裏地、芯地、標準的なボタンなどです。これらは生産ロットにより資材の使用予定量を算定して、資材在庫管理に役立てることが望ましいです。大手縫製工場では、資材登録、資材発注、所要量計算、資材使用実績、資材在庫のシステム化が求められる場合があります。

▶アパレルCADシステム

アパレルCADシステムは、パターンメーキング、グレーディング、マーキングの3つのシステム化領域が存在します。パターンメーキングは洋服を作るための生地パーツごとの型を設計する作業。前身ごろ、後ろ身ごろ、袖などの生地パーツを設計します。通常は中心（標準）サイズのみ作成します。グレーディングはパターンメーキングで作成した中心（標準）サイズの生地パーツについて、サイズ展開をかけること。マーキングは反物の生地にグレーディングでできた生地パーツを配置し、裁断に使うパーツ配置をすること。柄があれば柄合わせの作業も必要です。マーキング作業で1着当たりの見積要尺が算定されます。以上の型紙を作成して生地を裁断するための設計工程業務範囲をカバーしているのが「アパレルCAD」システムです。

▶縫製仕様書システム

仕様書情報は、縫い方や縫製上の注意点、ステッチの幅(ピッチ)、刺繍の位置指定、使用する資材類の指示をする帳票としてデータ化されています。スケッチ画情報が含まれ、数字やテキストで構成されるシステム化情報とは一味違います。「仕様書システム」と呼ばれ、アパレル製造業界向けのシステム化分野です。アパレルCADメーカーからの派生で構築されたタイプと、企画生産システムから派生したタイプがあります。

▶企画生産業務の詳細

企画生産業務の適用業務領域は、「アパレルCADシステム」、「仕様書システム」とは別に、企画台帳から始まって発注・加工指示書、生地・資材の発注及び入荷と生地資材在庫管理、製品仕掛管理・納期管理・発注残管理を扱う生産進捗管理、仕入計画管理、工場管理、原価管理などの管理分野を指します。

企画台帳は商品マスター情報の基本情報で、品番コードと商品名称を登録し、付帯情報を登録管理します。この際にサンプル品番から量産品番に入れ替わって使うことがあるので、仮品番登録から本品番登録ができるようにして、仮品番登録で登録した項目をコピー機能的に本品番登録に利用できる機能があると、気の利いた便利機能となります。デザイン画像やサンプル画像とのリンクもできるようにしておきます。商品マスターと画像がリンクすることで、売上や在庫照会、帳票に画像表示をすることが可能となります。その他の項目としては、使用資材情報、表生地のコンポジ（素材と混率）情報、予定販売価格、予定原価などの情報を登録します。

アパレル情報で不可欠のものとしてカラー、サイズがあります。クライアントによって品番・カラー・サイズ、品番・サイズ・カラーなど、並び順が違います。この並び順の違いがカラー／サイズ別の入力画面や照会画面、帳票類のレイアウトに影響します。柔軟性を持たせるためにカラー、サイズのマスターは別に持つようにしたほうが良いでしょう。

企画段階で企画台帳を起票してシステムに登録することで、企画段階での発注予定数、販売価格ベース金額、原価ベース金額、数量、型数を把握することが可能となります。これにより仕入計画対比で企画段階でどの程度発注予定が進んでいるかが摑め、予定原価率の状況も把握できます。

企画台帳の後は量産品として生産するかどうかを決定する段階です。具体的な発注先や投入工場が決まった時、及び発注数が決定する時です。サンプル作成を量産工場にお願いしている場合で、量産品の発注先が自動的に決定されるような場合は、細かい仕様変更以外は、発注数量決定のみということになります。

発注数の決定については、いくつかの要素があります。サンプル作成段階で生地確保メーター数を下打ち合わせし、生地手配量の予定を伝えておきます。生地予定量から算定される生産可能数と、展示会受注や内覧会の受注数とを互いに整合性を取りながら量産数を決めることになります。量産数に概算要尺を掛けて必要生地メーター数を算出し、生地発注をします。商社やメーカー提案品を仕入する場合（ODM）は、最終引き取りをコミットしつつ、数回に分けて引き取ることもあります。

また、内覧会のような「受注」がない場合は、本部主導で発注数を決定しますが、この場合でも仕入計画とのバランスをとりながら、過剰発注にならないよう、制御が必要です。

企画生産業務の適用業務範囲はアパレルCADの範囲を除いて、1．加工情報を登録して、発注書や加工指図書の作成、発注管理、原価管理業務の基本情報登録をすること、2．資材の在庫、発注管理を行うこと、3．過剰発注の防止のため仕入計画に対しての進行管理を行うこと、4．仕掛管理や納期情報、発注残管理の精度を上げるため生産進捗管理を行うこと、5．取引先別の納期達成率や不良品発生率、発注の偏りがないかをチェックする取引先管理を行うこと、で構成されます（図表5-1、5-2参照）。

以下、順に各管理業務の説明をします。

＊生地について豆知識

基本的に白のワイシャツ地（綿65％／ポリエステル35％のブロード地）などの定番生地素材を除いて、生地は在庫として生地メーカー側に備蓄されていません。つまりシーズン生産に合わせて生地を作ります。生地を作るためには、糸があって、生地に織って（編んで）、染色、プリント等の加工をします。糸、織る（編む）、染色、プリントの工程で製造業者が違います。生地が足りなくなってあとから追加発注をしても、リードタイムがあり、生地ができあがったころにはシーズンが終了してしまうかもしれません。商品企画においては、デザインを生かすための生地選定が重要で、MDはとても苦労するところです。

図表5-1　自社企画生産の製造メーカーの場合

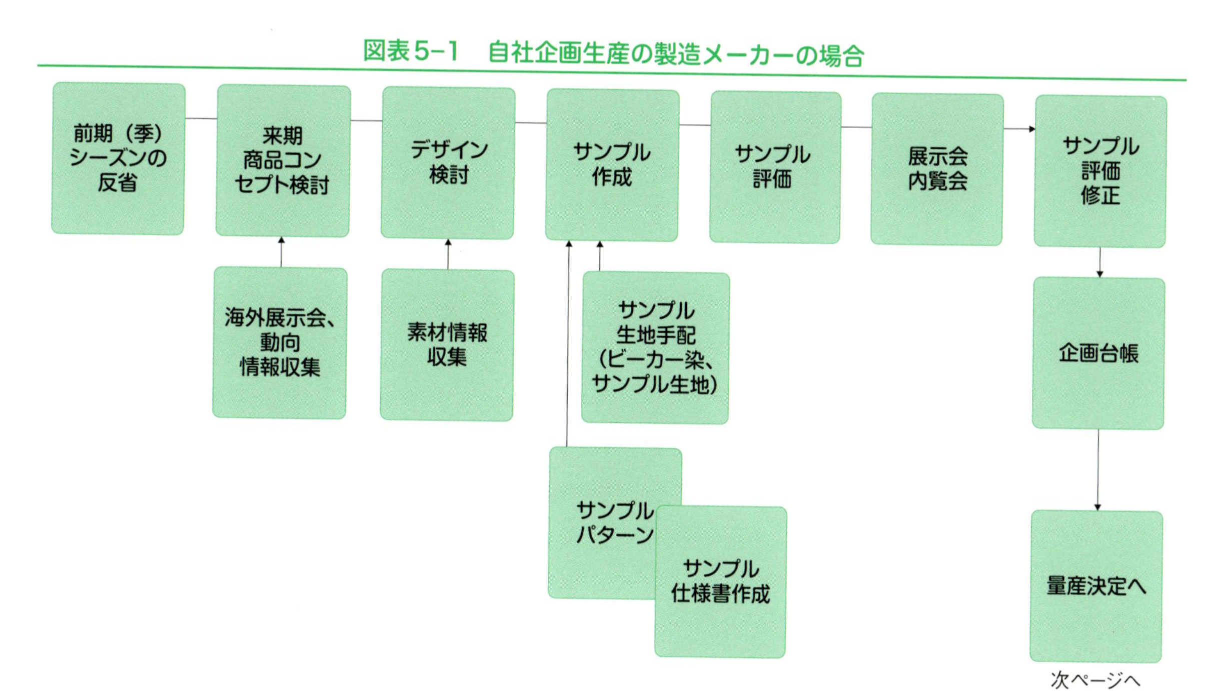

展示会は年間で2回から6回程度。生地商社やコンバーターとの間で、使用生地についてどの程度の量の手配を検討しているか、商談も並行して進みます。この段階では見込み数であり、発注確約ではありません。

図表5-2　図表5-1のつづき

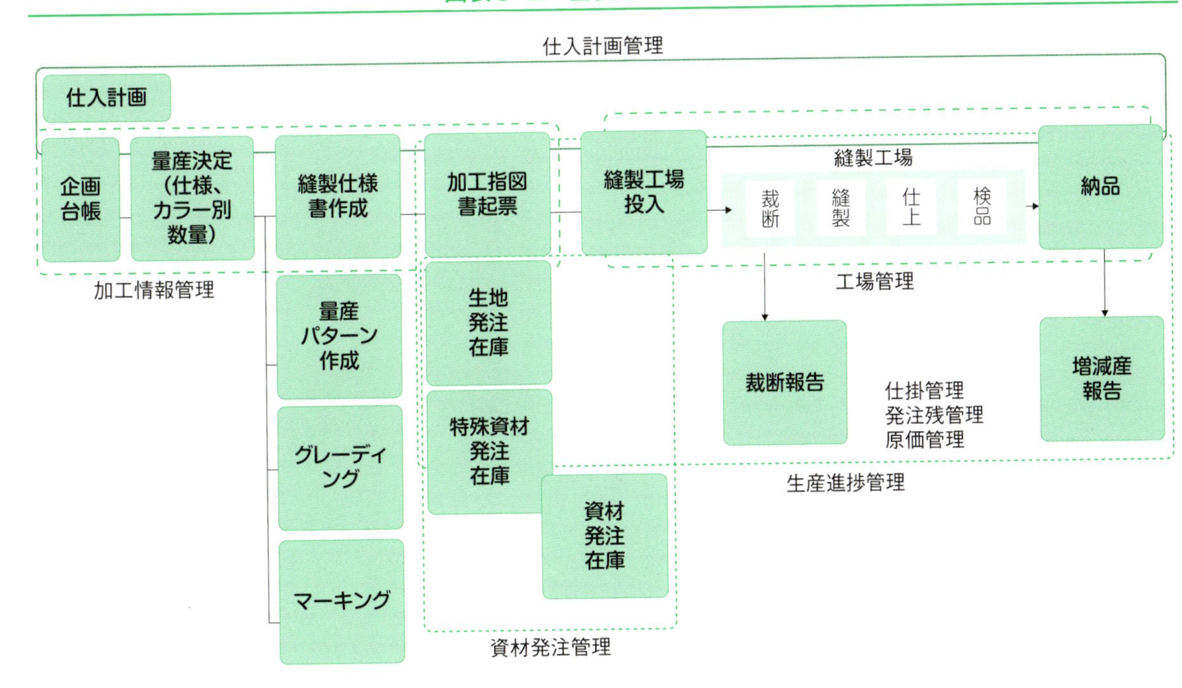

アパレル製造業でしっかり生地管理をしている場合は、生地の発注単位である反（生地ロール1巻きの単位で、例えばウール素材であれば150cm幅で50m乱で1反。Yシャツ地のような綿とポリエステル混紡のブロード地であれば112cm幅で50mなどで1反という単位）の管理をします。生地製造メーカーは、1反ごとに反番というユニークな番号を付番します。ウール素材であれば検反機で検査し、50m単位でカットするのですが、この作業がピッタリ50mではなく、多少前後してカットされるので「乱」という言葉を使います。

後染めの場合の染色は大きな染色釜に生地を入れて染色するのですが、染色作業タイミングで微妙な色違いが生じることがあるので、反番単位で管理して、染め釜のロット違いの生地が、裁断時に混入しないように注意します。

後染めのウール素材の場合、代表的なアイテムはメンズのスーツです。通常は1着当たり2.7mを要尺として使います（反物を広げてスーツの型紙に置いていくと、上着で1.5m、パンツで1.2m）。要尺を詰めるため、マーキングシステムでは2着分の型紙でマーキングするなど、さまざまな方法があります。仮に1反52mの生地であれば、19着分がとれ70cmが余ることになります。同一ロットの染め釜で複数反ある場合は、この中で着分が取り終えるように裁断します。同じ生地番号でも染め釜の違うロットの反番から型紙の一部を裁断してしまうと、微妙に色の差が生まれることがあるからです。

このような事情があるので、アパレル側で反番別のメーター数を管理して、どの反番からどのサイズ分を何点分裁断するかを工場に指示していることがあります。反番別のメーター数で管理をしている企業の場合は、複数の加工指図で同一生地を使うこともあるので、加工指図から反番別メーター明細を見て必要量を引き落とし、生地の在庫管理と連動させる仕組みが不可欠なアパレル企業もあります。

海外へ委託生産をする場合で、日本から生地や資材を輸出して委託生産先の国で加工し、日本へ製品輸入するには、関税暫定措置法第８条（通称：暫８）の適用を受けます。輸入する製品原価から輸出した生地や資材の原価を引いて関税算定をします。製造アパレル企業で自社手配にて海外工場を使う場合は必要な業務です。契約情報管理とともに輸出時の輸出申告書等、製品輸入時には、輸入申告書や減税明細書などが必要です。詳しくは、日本貿易振興機構（ジェトロ）のホームページの貿易・投資相談Q&Aなどをご参照ください。

▶加工情報管理

企画段階で決定される商品コードや予定上代、原価、生地№、デザイン№等の商品属性を登録管理します。また、カラー、サイズ明細や使用材料の生地・資材の明細登録、資材発注管理、生産管理、原価管理のためのデータ登録を行います。アウトプットとして、生地・資材発注書や加工指図書が作られ、原価の元情報が登録されます（図表5-3参照）。

企画台帳の入力原票として、運用上は簡単な登録用紙を準備したほうが良いでしょう（図表5-4参照）。

企画MDが「この商品を発注したい」と考えたタイミングで、意思表示を登録するもので、実際の発注より早いタイミングです。品番（仮）、予定販売単価、予定原価、予定数量、予定店頭展開日の情報があれば、この集計により、MDが発注前段階で、どのくらいの商品投入をしようとしているかが把握できます。別途記述の仕入計画と進捗対比することで過剰仕入の防止、生産原価率のキープ等に反映できます。生地発注から生

図表5-3　加工情報管理

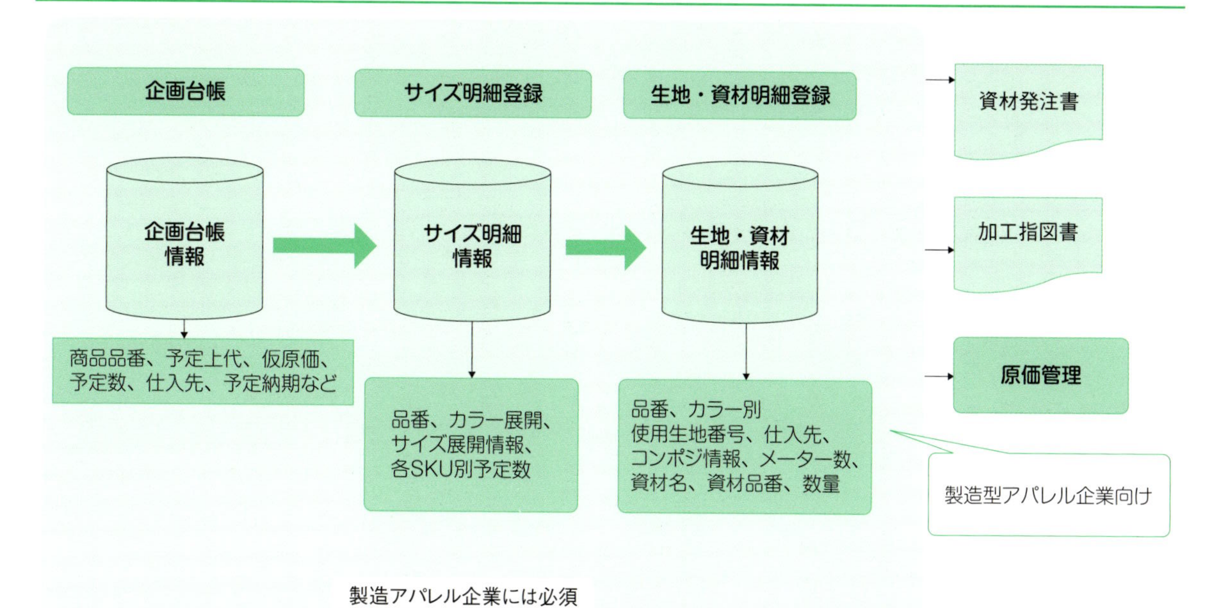

企画台帳
サイズ明細登録
生地・資材明細登録
企画台帳
情報
サイズ明細
情報
生地・資材
明細情報
商品品番、予定上代、仮原価、
予定数、仕入先、予定納期など
品番、カラー展開、
サイズ展開情報、
各SKU別予定数
品番、カラー別
使用生地番号、仕入先、
コンポジ情報、メーター数、
資材名、資材品番、数量
資材発注書
加工指図書
原価管理
製造型アパレル企業向け
製造アパレル企業には必須

図表5-4　登録用紙例

年　月　日

担当MD____________

シーズン ☐　ブランド ☐　アイテム ☐

製品仕入 ☐　委託加工 ☐

サンプル品番_______　本品番____________

量産決定：☐　店舗展開納期：☐

予定数：☐

予定販売単価：☐　予定原価：☐

パターンNo.：☐

使用生地1：☐
使用生地2：☐
使用生地3：☐

・・・・・・・・・・・・
・・・・・・・・・・・・

産計画立案するクライアントでは、生地発注予定を登録することで、アイテム別生産予定数を換算し仕入計画管理をすることも有効です。また、生産管理担当者は、加工指図書が発行される前段階で企画台帳情報から生産手配や調達手配のスケジュール管理を組む時の参考になります。

企画台帳を元に発注登録に進みます。企画台帳段階では仮品番の場合もあるので、発注登録では仮品番から本品番への切替処理ができるとスムーズです。

企画台帳の運用は、サンプル作成⇒企画台帳⇒発注登録の業務手順が良いと考えますが、サンプル作成段階で、ある程度量産への仕様も決めているような場合は、この段階で企画台帳を起票しても良いでしょう。この場合は発注予定数はもう少し時間が経過したあとでの追加記載になります。

生地管理をしっかり行っている企業で、生地発注登録がある場合は、企画台帳の生地番号で発注生地の使用引当管理が可能です。ただ、そのためには、生地番号だけでは引当処理はできないので、生地商社（コンバーター）名（番号)、生地メーカー名（番号)、生地番号、カラー番号、要尺の登録をして、生地発注情報と引当てます。予定数の引当を行って、生地の本発注数と生産発注数からの本引当処理を行います。生産発注段階で、予定発注登録が本発注数に置き換えられるような処理を行います。

少しシステムのお話をします。企画台帳内容を登録する先のデータベースファイルは、一般的には「商品マスター」です。商品マスターのキー項目としては、品番、カラー、サイズ（カラー、サイズを含めて品番コードでも構わない)、生産追番等の枝番号でユニークになります。このユニークな番号と対になるものが、JANコード等のバーコード番号です。

多くのアパレル企業の運用面では、品番は商品デザインや仕様から、特定の商品を示す番号という位置付けです。その商品特定にはサイズがあり、カラー展開があるということです。カラーやサイズ別の発注数や入荷数、配分数を入力、照会する画面では、品番を入力するとその品番が持つカラー、サイズ展開をマトリクス表示させる画面が重宝されます。このような画面編集をシステム上で成立させるためには、カラー、サイズを独立したデータ項目として持つと良いです。品番ケタ数の中にカラー、サイズを意味するケタがあっても、データベース上はカラー、サイズのデータ項目は独立して持たせておきます。

同じ品番で追加生産があった場合は、投入時期や投入ロット数の違いから、前回と同じ製造原価で生産できない（仕入ができない）場合が生じます。その対応策として、品番の並びに生産枝番号を付けておくと良いでしょう。最初に触れたように、生産枝番までを含めたコードでユニークになるように設計すれば、枝番単位でバーコードが違う番号となります。入出荷や移動、売上の各処理で商品についているタグのバーコードをスキャンすることで、対応する原価を参照できます。管理会計面から、粗利計算のために必要な機能と言えます。

バーコードについては、1 SKUで複数バーコード登録ができる設計がおすすめです。企業合併やブランド吸収、メーカーJANコードとインストアバーコードの併用、バーコード体系の切替などの際に、実務運用に支障が生じないようにするため、物流や店舗はどちらのバーコードでも読むことができるシステム構造にしておくと、助かる局面が多々あります。

商品マスターへは、商品属性データを登録します。ベーシック商品以外では使用する生地が数種類あることがよくあります。使用生地１、使用生地２、使用生地３……というように５種類程度の生地登録ができるようにする必要があります。生地登録では、仕入先商社やコンバーター、生地メーカー、生地番号、コンポジ情報として素材名と混率を登録します。この混率は5つ程度登録できるようにしておくことが望ましいです。

さらに製造卸系の企業では、対となる得意先品番の登録が必要です。営業部門での受注照会、売上照会、在庫照会などで得意先品番からの検索が求められたり、出荷納品書での印字出力が必要となるからです。

加工指図書情報登録や縫製仕様登録では、使用する生地、資材の登録があります。服種（アイテム）により使用する資材名は大体パターン化できます。例えばジャケットであれば、表地、裏地、袖裏地、肩パッド、襟芯、カラークロス、接着芯、袋地、ボタン大・小、ブランドネーム、襟刷り、補修袋、ブランドタグ、ケア表地……などをあらかじめ「服種（アイテム）別使用資材パターン」として名称テーブル化しておき、実際の入力画面でアイテム記号を登録した時点で、資材入力エリアの名称欄に登録名称を表示する仕組みにしておくと、手間が省けて有効です。あとは資材名称別に仕入先、メーカー番号、資材品番、要尺、スペックメモやコメントを登録します。過去に似寄りのスペックの品番があれば、参照する品番を検索して登録内容を入力画面へ項目移送して入力の手間を減らす処理も有効です。

クライアントの原価管理の方法によりますが、生産枚数1枚につき使用資材が何個ということが限定でき、調達も「個」の単位でできる資材類と、生地や裏地、芯、糸など1着当たりの「個」という単位で管理できない資材があります。後者は、発注単位で総使用量を生産枚数で割り戻して、1枚当たりの単価を算出する方法が簡便でわかりやすいです。そのため、加工指図書入力等で、資材使用明細登録から原価計算をする場合は、1枚当たり何個使うという積み上げと、全体使用量から生産枚数で割り戻すという2つの原価算出ロジックを考慮する必要があります。

補足として、ブランドやアイテムは、グループ化している場合があります。もとのメインのブランドがあって、市場ニーズにより低価格帯とか、少しテイストの違うゾーン向けにサブブランドを展開する場合です。ブランドコード自体はサブブランド単位に記号が付けられ、サブブランド別で情報把握する場合と、もとのメインブランドの中に含めてグループで見たいという場合があります。

こういった対応のために、サブブランド記号に対になるメインブランドを登録しておけば、画面照会や帳票出力の出力制御で使えます。その際には「出力順」の制御も必要で、これを考慮しないと、番号の若い順で並んだり、アルファベット順で並んだりすることになります。重要視するブランドやアイテムから順に見たいというニーズもあるので、システム構築する際には考慮しておく必要があります。このようなグループ化や出力順の考慮はブランド、アイテム、得意先、店舗、仕入先、組織、地区（東京、大阪……）などがあります。

適用業務システムを一から構築する場合は、運用のためのシステム開発の工数も考慮しておかないといけません。適用業務範囲のシステム開発で精一杯になるのですが、運用に載せたあとに運用システムが弱いと、オペレーションに人手がかかることになるためです。例えばデータ保管や削除プログラムを用意しておくとか、このプログラムを実行させる実行管理や運用管理プログラム群のことを指します。運用を意識した適用業務システムが稼動する状態まで作り上げる必要があります。

▶資材発注管理

生地、資材、副資材の発注管理をします。生地は生産数量と要尺から必要なメーター数を割り出して、発注処理をします。原価計算のために、発注は加工指図番号（発注番号）と紐付けるようにします。生地は基本的には商社、仕入先経由で購入するので、仕入先商社やコンバーターへ発注通知をします。その後、仕入先より反番別のメーター明細を入手します。仕入先側では、発注メーター数どおりに生地カットができない場合があり、仕入メーター数との間には微妙な差が生じます。この点を注意しましょう。資材類は個数指定で発注できるものと、生地と同様にメーター数で発注するものがあるので、要尺計算の上で必要量を発注します。

通常は縫製工場に直送する場合が多いので、手元で色目や素材品質や物性をチェックしなければならないものは、しっかりと生地上がり見本を自分のオフィスや生地品質検査施設に送付するように、指示しておくことが必要です（図表5-5参照）。

資材の在庫管理を行う企業は、縫製工場及びアパレル製造業の一部です。いわゆるアパレル企業と呼ばれ、業態では生産を外部委託する場合が多く、自社で生地、資材在庫を細かく管理することが少ないと思われます。生地端数メーター分や資材の端数は原価算入したり、資材類は縫製工場側の手配とする場合が多いからです。

資材を在庫管理する場合は、生地と資材で在庫マスターを分けるほうが良いでしょう。表生地はメーター単価が高く、端数メーター分の追加生産や他の商品への使いまわしがあります。生地の反番管理もあるので、メーカー、仕入先、生地番号、カラー、生産ロット番号、反番、メーター数（＋反数）、生地単価が基本情報となります。資材の場合、資材名、メーカー、仕入

図表5-5　資材発注管理

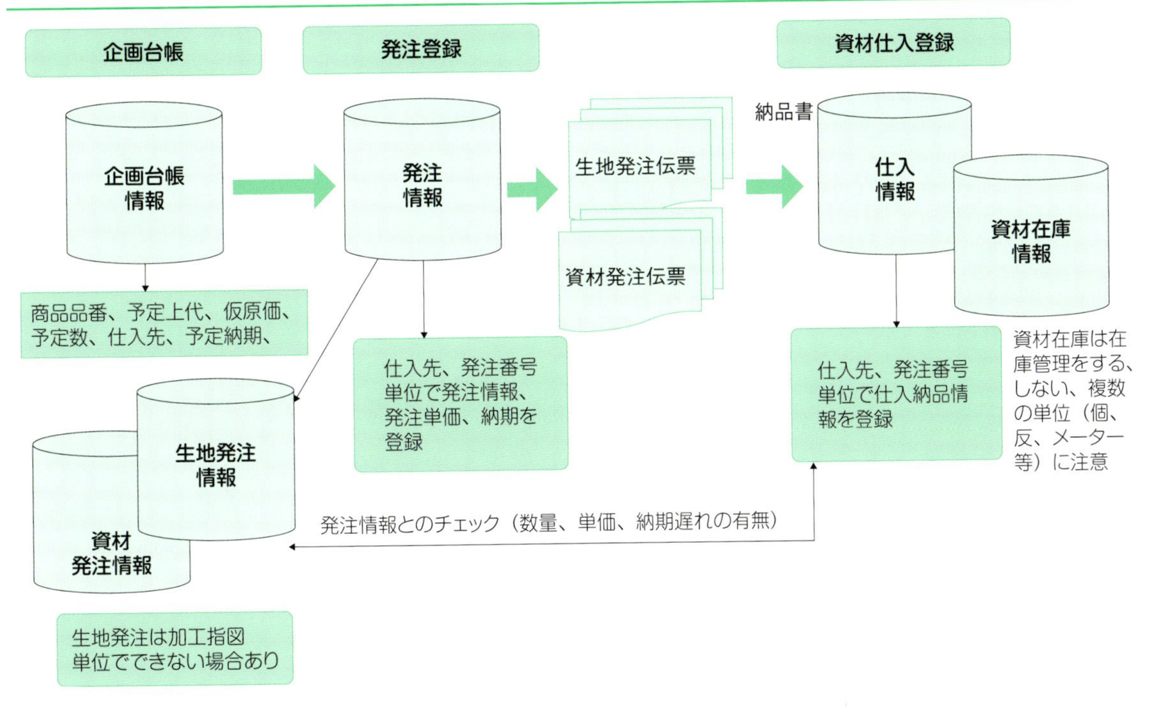

企画台帳
発注登録
資材仕入登録
企画台帳
情報
発注
情報
生地発注伝票
資材発注伝票
納品書
仕入
情報
資材在庫
情報
商品品番、予定上代、仮原価、
予定数、仕入先、予定納期、
仕入先、発注番号
単位で発注情報、
発注単価、納期を
登録
仕入先、発注番号
単位で仕入納品情
報を登録
資材在庫は在
庫管理をする、
しない、複数
の単位（個、
反、メーター
等）に注意
生地発注
情報
資材
発注情報
発注情報とのチェック（数量、単価、納期遅れの有無）
生地発注は加工指図
単位でできない場合あり

図表5-6　資材在庫管理

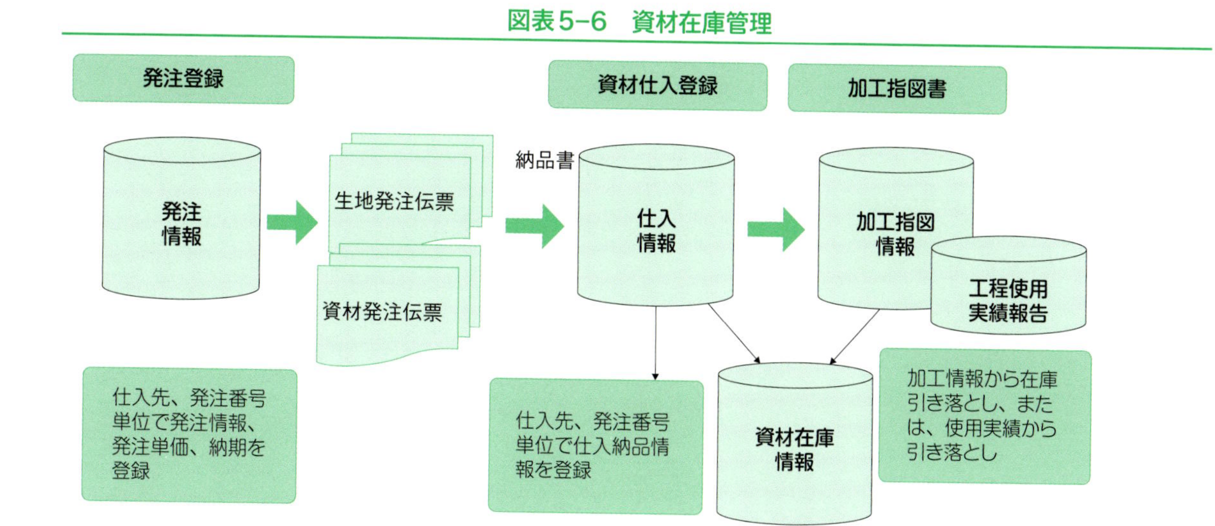
発注登録
資材仕入登録
加工指図書
発注
情報
生地発注伝票
資材発注伝票
納品書
仕入
情報
加工指図
情報
工程使用
実績報告
仕入先、発注番号
単位で発注情報、
発注単価、納期を
登録
仕入先、発注番号
単位で仕入納品情
報を登録
資材在庫
情報
加工情報から在庫
引き落とし、また
は、使用実績から
引き落とし
発注情報とのチェック（数量、単価、納期遅れの有無）
単位、在庫管理の有無FLG、引き落とし等、要注意です先、資材品番、カラー、サイズ、個数、メーター数、単価などです。ボタン（大・中・小）はサイズと個数、裏地や袋地などはメーター数、資材全体として単価は1円未満がないかを確認です。このマスター構造は要注意です（図表5-6参照）。

▶仕入計画管理

●見込み原価率管理

シーズン、ブランド、カテゴリー・アイテム別に企画生産段階の見込み原価率推移を確認し、目標原価率を上回る場合は、投入残の品番について原価率引き下げガイドを行い、目標原価率を確保します。

●仕入計画管理

シーズン単位で立案される仕入計画に対して、企画台帳、量産決定、発注書発行、商品仕入の各段階で、型数、数量、上代ベース、原価ベースで仕入予定を把握し、過剰仕入を防止します（図表5-7参照）。

●商品状況

シーズン、ブランド、カテゴリー・アイテム別に商品消化状況を把握し、店頭状況を勘案して仕入計画の見直しとマークダウン商品群の選択をガイドします（販売管理やMD支援業務との連携が前提）。

図表5-7　仕入計画

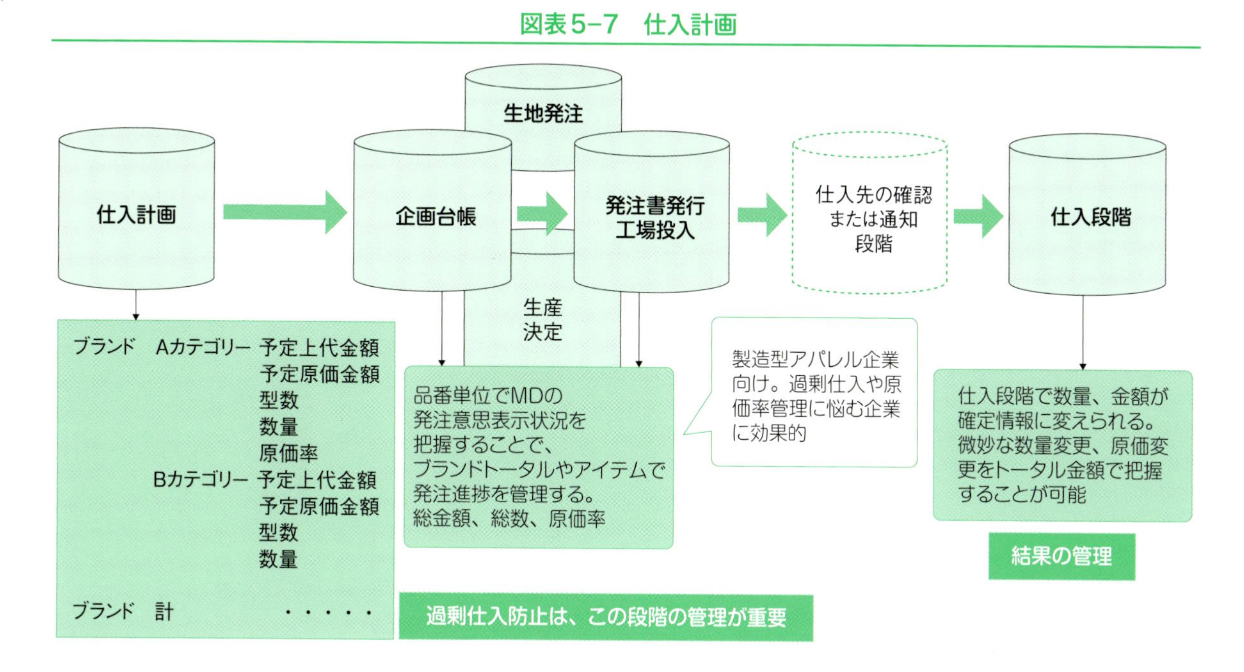
仕入計画
企画台帳
生地発注
発注書発行
工場投入
生産
決定
仕入先の確認
または通知
段階
仕入段階
ブランド　Aカテゴリー　予定上代金額
予定原価金額
型数
数量
原価率
Bカテゴリー　予定上代金額
予定原価金額
型数
数量
ブランド　計　・・・・・
品番単位でMDの
発注意思表示状況を
把握することで、
ブランドトータルやアイテムで
発注進捗を管理する。
総金額、総数、原価率
製造型アパレル企業
向け。過剰仕入や原
価率管理に悩む企業
に効果的
仕入段階で数量、金額が
確定情報に変えられる。
微妙な数量変更、原価変
更をトータル金額で把握
することが可能
結果の管理
過剰仕入防止は、この段階の管理が重要

▶生産進捗管理

委託加工であれば、生産投入から入荷までの生産進捗情報である生地着荷、裁断、縫製、仕上、工場出荷の情報を工場から入手し、納期裏付け確認、物流側への情報提供が求められます。具体的には生地着荷日、裁断完了日、縫製完了日、仕上完了日の情報把握です。あわせて仕掛管理、納期管理、増減産管理（発注残）を行います。

縫製工場では、まず生地が到着していることが、生産の大前提です。生地メーカーから遅れることが多く、納期遅れの原因の一つに、生地が予定日に工場に着荷しないことがあります。工場としては裁断場を空けて待つことができず、生地が着荷しない場合は別のロットの生産に入ってしまいます。裁断完了日を確認する理由は生産工程に入った証しが裁断にあるからです。裁断に入れば、そのままにしておけず縫製工程に入っていくので、その工場の生産キャパから見て納期がおおよそ読めるわけです（図表5-8参照）。

▶工場管理

工場別の生産実績や工賃支払実績把握をして、重点工場の選択・育成、工場政策について、工場別フォローを行います。工場別、アイテム別に支払加工料を集計し、アイテム別、生産数からの平均加工料を把握します。

返品実数把握では、縫製不良により工場へ返品した実数を工場別に集計し、返品率を算出して工場指導に役立てます。工場別、発注ロット別に指定納期と実現納期を把握し、納期遅れの統計をとり、取引先工場の指導、管理を行います（図表5-9参照）。

図表5−8　生産進捗管理

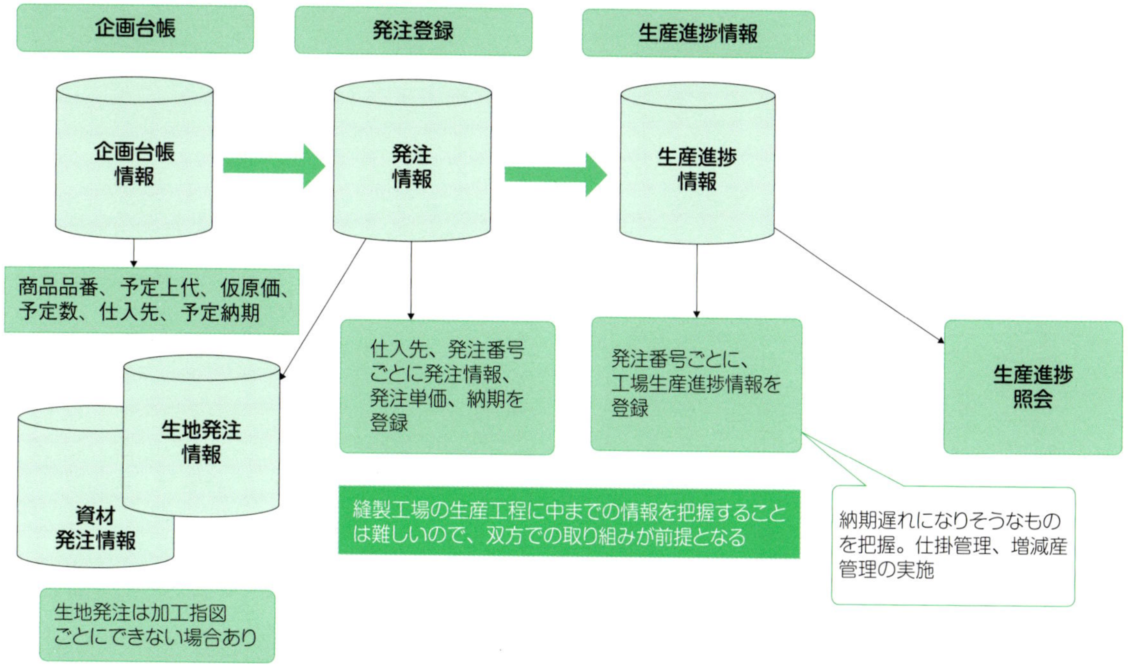

企画台帳

発注登録

生産進捗情報

企画台帳
情報

発注
情報

生産進捗
情報

商品品番、予定上代、仮原価、
予定数、仕入先、予定納期

仕入先、発注番号
ごとに発注情報、
発注単価、納期を
登録

発注番号ごとに、
工場生産進捗情報を
登録

生産進捗
照会

生地発注
情報

資材
発注情報

縫製工場の生産工程に中までの情報を把握すること
は難しいので、双方での取り組みが前提となる

納期遅れになりそうなもの
を把握。仕掛管理、増減産
管理の実施

生地発注は加工指図
ごとにできない場合あり

図表5-9　工場管理

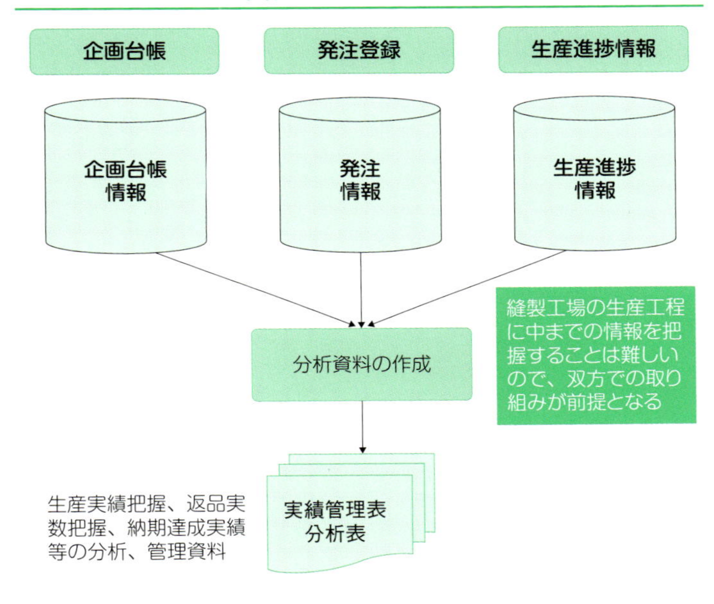

▶原価管理

発注ロット別に商品原価の登録、修正を行います。増減産入力から原価変更ができる機能が必要です。

商品原価管理は、①製品仕入をして仕入単価を原価とする、②委託加工の場合は、製品に使用する生地、資材類を1着当たりの使用量から実際原価を算出し、増減産があれば最終生産数から1着当たりの原価計算をします（図表5-10参照）。

事業損益計算での「原価」については、発注ロット単位で原価を把握する個別原価法、発注した最後のロット分の原価で管理する最終原価法など「原価」の採用については、いくつかの原価法があります（第6章「在庫原価」及び用語集参照）。

図表5-10　原価管理

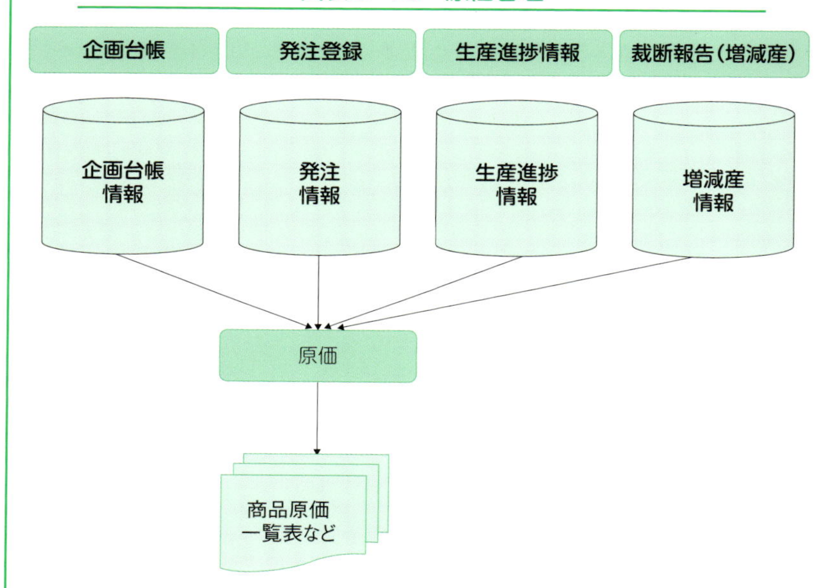
企画台帳
発注登録
生産進捗情報
裁断報告(増減産)
企画台帳
情報
発注
情報
生産進捗
情報
増減産
情報
原価
商品原価
一覧表など

第6章

アパレル本部販売管理

▶アパレル本部販売管理の考慮点

アパレル本部販売管理の範囲は「一般的な販売管理適用業務」に加えて、発注配分、入荷配分引当、移動、売価変更などの機能が追加されます。

しかしながら、簡単に業務範囲を外付け的に増やせるような、単純なことではありません。

商品マスターには品番に加えてカラー、サイズコードが必要だったり、SKUに対応する複数のバーコードNo.を持てるようにしたり、得意先品番との対応を持てるようにしたり、さらに価格も商品マスターに設定する当初設定売価に加えて売価変更の制御が必要だったり、その情報を店舗レジ側に渡すPLUの仕組みが必要だったりで、適用業務分野の広がりだけでなく、システムやマスター構造の考慮も必要となり、簡単に基本機能に拡張機能を加えるということにはなりません。

また、49ページ（図表4-1）の適用業務全体図はメーカー型SPA業態を意識して記載したもので、小売型のお客様にはこの適用業務マップでは違和感が生じると考えます。小売業は店舗売上予算、仕入予算があり、店舗予算に合わせて発注をかけ、店舗に導入し販売する、という流れが基本となりますので、適用業務マップの表現も変わります。アパレル本部販売管理は、アパレル業務特有の商品管理があります。

▶展示会受注

卸売アパレルが専門店バイヤーを集めて、新商品の展示、説明、製品評価、受注を取る活動です。自社の展示会スペースまたは外部会場を使った商談会のようなイメージです。シーズン

図表6-1　展示会

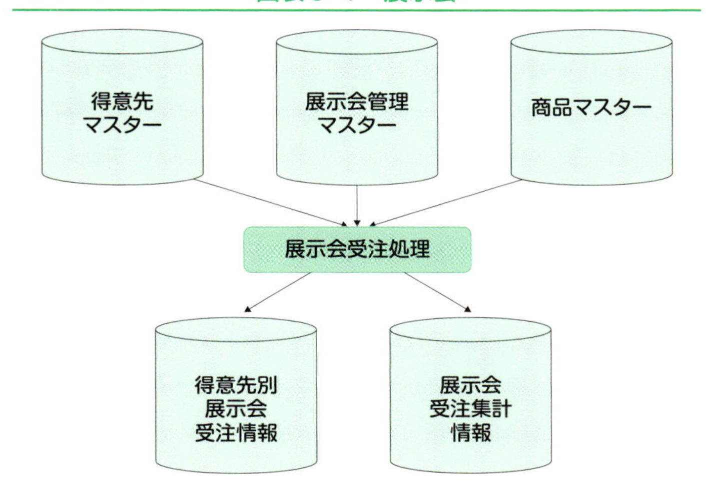

単位で行われ、年間2～6回程度開催されます（図表6-1参照）。

展示品については、SKU別に生地手配からの生産可能数が目安としてあり、営業担当者はこの数字を見ながらうまくバランスが取れるように受注活動をします。受注数は随時集計され、注文数が予定数を超えている場合は、企画MDが追加生産の可否を検討して営業側に回答します。また、受注が進んでいないものは、受注を促進するお願いを営業にします。受注数は確定受注数と見なす場合と、あくまでも予約的に受注するものとがあります。確定受注数として注文を受ければ出荷段階で売上計上となる買取形態となります。予約的に受注する場合は、発注数の目安の裏付けをとる目的と、小売側へ商品供給する際の予約数を目安とする目的があります。

他に「展示会」という意味には、確定受注活動が伴わない内覧会、自社店長向けへの新規商品の発表と評価など、どちらかといえば、本部主導で店舗供給配分を行っているような業態でも実施されます。

主な必要帳票類は受注表（得意先控)、得意先別受注集計、同予算対比表、商品別受注集計表、SKU別発注予定数と受注数の比較表などです。

名称は「展示会」ですが、クライアントにより、その使い方はさまざまです。

▶受注

アパレル製造卸会社が、相手先アパレル企業にサンプル提示して受注を受ける場合（ODM）や、OEMとしての受注があります。この両者の場合は、得意先（相手先）品番での管理が必要となります。相手先品番を自社品番として商品マスターへ登録する方法のほか、社内管理は自社品番で登録して相手企業との間では相手先品番で登録する方法があります。後者の場合は、商品マスターには自社品番に加えて相手先品番の登録ができるような工夫が必要です。受注登録画面や売上照会、在庫照会なども自社品番と相手先品番の両方から、検索ができるようにしておくほうが便利です（図表6-2参照)。

なお、雑貨などの商材の場合は、同じ商品を複数の取引先に相手先品番で卸すような場合があるので、商品マスターに相手先品番を持つことは難しいです。対応策としては、得意先品番マスターを作り、そこで自社品番との対応をとるような仕組みが便利だと考えます。納品が分納になる場合や追加受注があった場合に、受注残を得意先別、商品別に管理する必要があります。社内同一品番を複数企業の相手先品番で販売するような場合は、商品別受注残ファイルは自社品番で総合して把握できる

図表6-2　受注の仕組み

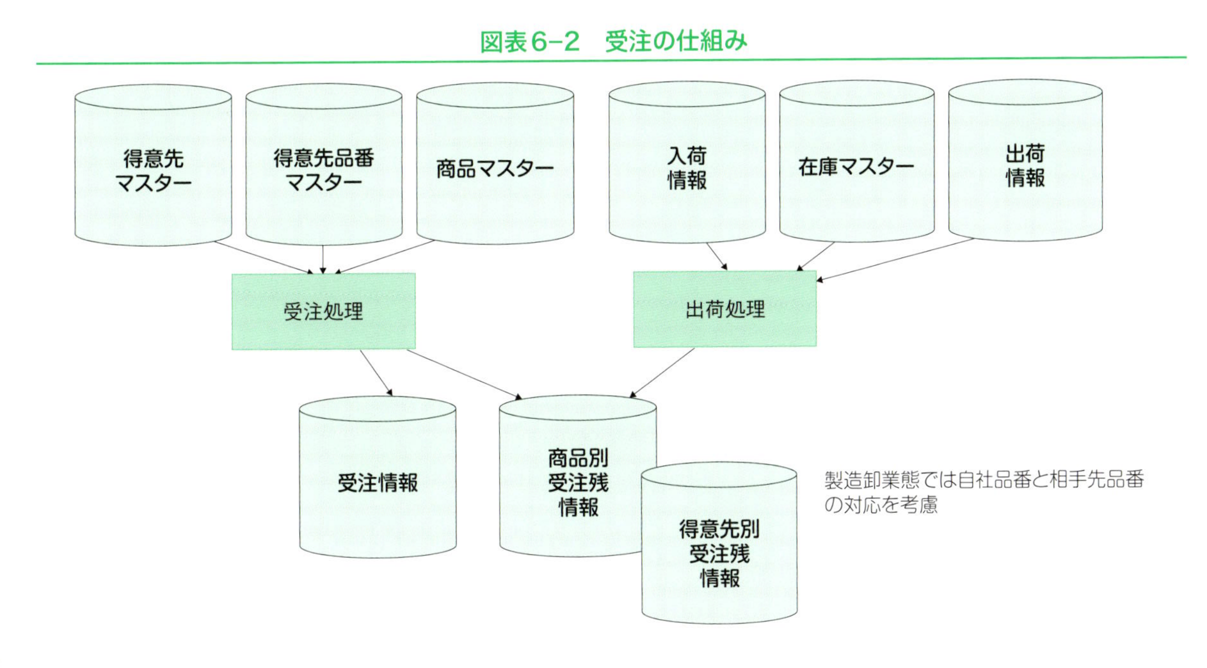

得意先
マスター
得意先品番
マスター
商品マスター
入荷
情報
在庫マスター
出荷
情報
受注処理
出荷処理
受注情報
商品別
受注残
情報
得意先別
受注残
情報
製造卸業態では自社品番と相手先品番
の対応を考慮

ようにしておくと良いでしょう。

▶発注

発注は製造アパレルで委託加工であれば「委託加工指図書」、製品買いの場合は発注書（注文書）を発行するという処理です(図表6-3参照)。

発注時に品番が決まり製品仕様が決定されており、仕入単価、納期、カラー・サイズ別の数量明細が決まっていることが必要です。特に製品買いの場合は、製品仕様の決定のためには、十分に製造アパレルや商社側との打ち合わせが必要です。発注タイミングで、生地や特殊なデザイン資材や裏地の一部がショートするなど、打ち合わせ時点で示されたサンプルどおりに作れない場合があるためです。納期に合わせた製品仕様の確認が発注業務の大きなウェイトを占めます。発注書を起票して、社内の承認プロセスを経て先方に渡し、納期のチェックをします。

発注数量明細と店舗配分明細の紐付けが必要な時は、発注配分登録をします。

店舗からの発注数の積み上げで発注数を算出する場合と、本部DB判断で予め配分明細を持っている（発注時には店舗配分が決まっている状態）場合があります。

▶発注から配分について（発注配分）

展示会受注があり、その分の発注処理を行う場合、発注数には各得意先・店舗の受注数が紐付けになっているので、改めて

図表6-3　発注の仕組み

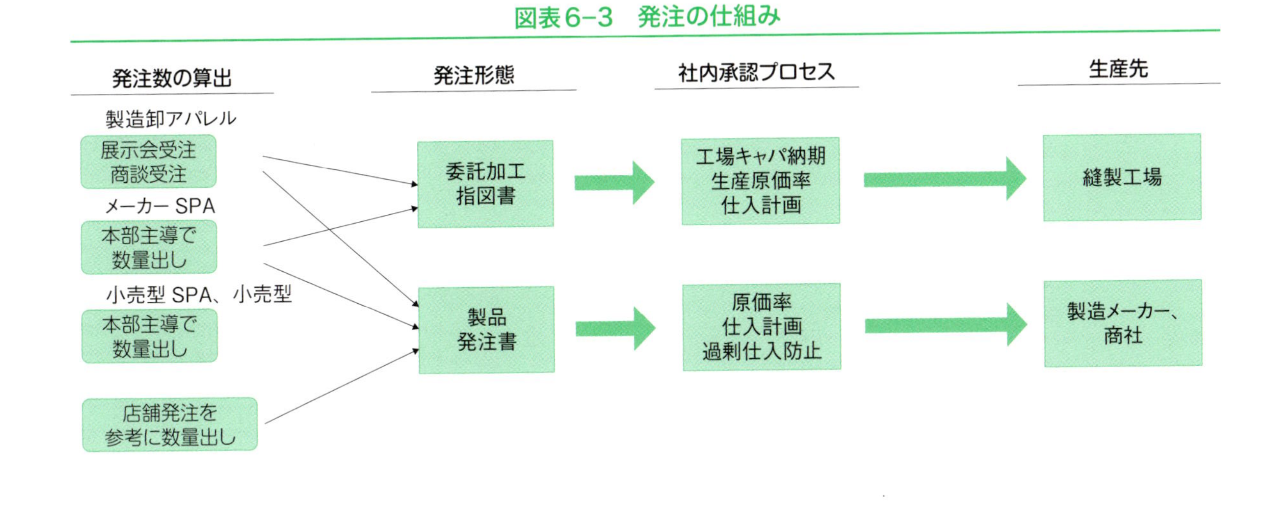

発注数の算出
発注形態
社内承認プロセス
生産先
製造卸アパレル
展示会受注
商談受注
メーカー SPA
本部主導で
数量出し
小売型 SPA、小売型
本部主導で
数量出し
店舗発注を
参考に数量出し
委託加工
指図書
製品
発注書
工場キャパ納期
生産原価率
仕入計画
原価率
仕入計画
過剰仕入防止
縫製工場
製造メーカー、
商社

図表6-4　発注から配分まで

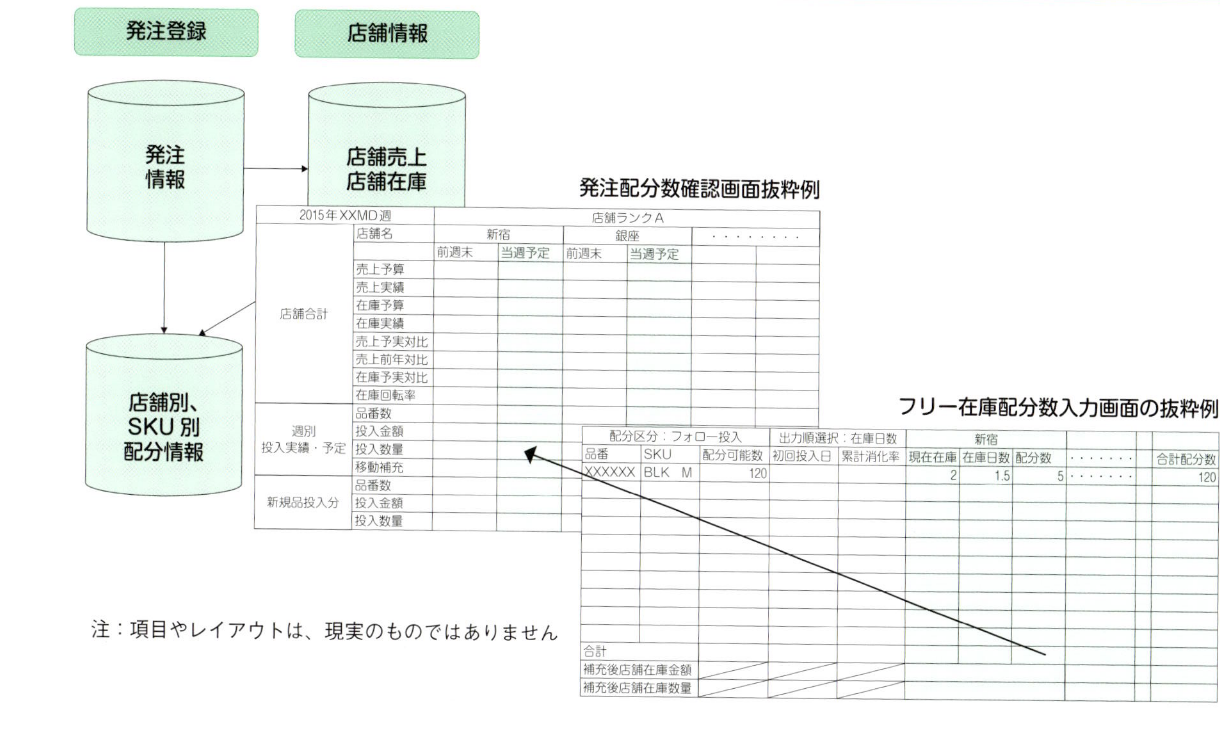

発注配分数確認画面抜粋例

2015年XXMD週		店舗ランクA					
	店舗名	新宿		銀座		・・・・・・・・・	
		前週末	当週予定	前週末	当週予定		
店舗合計	売上予算						
	売上実績						
	在庫予算						
	在庫実績						
	売上予実対比						
	売上前年対比						
	在庫予実対比						
	在庫回転率						
週別 投入実績・予定	品番数						
	投入金額						
	投入数量						
	移動補充						
新規品投入分	品番数						
	投入金額						
	投入数量						

フリー在庫配分数入力画面の抜粋例

配分区分：フォロー投入			出力順選択：在庫日数		新宿					
品番	SKU	配分可能数	初回投入日	累計消化率	現在在庫	在庫日数	配分数	・・・・・・・		合計配分数
XXXXXX	BLK　M	120			2	1.5	5	・・・・・・・		120
合計										
補充後店舗在庫金額										
補充後店舗在庫数量										

注：項目やレイアウトは、現実のものではありません

発注配分数を決めることはありません。

SPA、小売型企業では、発注時点で店別配分数を決めている場合があります。特に小売型企業は、この方法が基本です（図表6-4参照）。

小売型、SPAの発注配分数の決定では、店舗の売上高や仕入・在庫高予算、消化率、在庫動向から、発注分をどこの店舗へ配分するかを決めるのも重要な業務です。そのため、発注明細のSKU別に配分画面を用意し、この配分画面で店舗別在庫金額合計、在庫数合計、消化率情報を確認しながら、配分指示を出すような機能が求められます。初回分の店舗投入段階だけでなく、フリー在庫を持った場合の追加店舗投入時も同様な考え方で、配分登録をする画面が必要となります。

「配分」という言葉には、もう一つの意味があります。入荷時点で入荷数を発注時点の配分数に割り当てる場合です。入荷は、分納もあり、発注数に対して減産となり不足する場合もあります。入荷数を予め決めた優先順で発注数の店舗別配分数に割り付けます。正しい呼び名は何とも言えないのですが、本書では前者を発注配分、後者を入荷配分と呼ぶことにします。

▶入荷配分について

発注配分数について、分納や増減産で入荷実績数に過不足が生じた場合、過不足を配分優先順等で、入荷実績数を店舗別に配分します。この配分方法は、配分の優先順をまず決めることからです。優先順の考え方の例ですが、配分先の店舗に優先ランクをつけてグループ化します。グループの中に属する店舗ごとに優先順をつけます。各店舗は自分が所属するグループの優先順とグループ内の優先順の2つの優先順を設定しておきま

図表6–5　入荷と配分

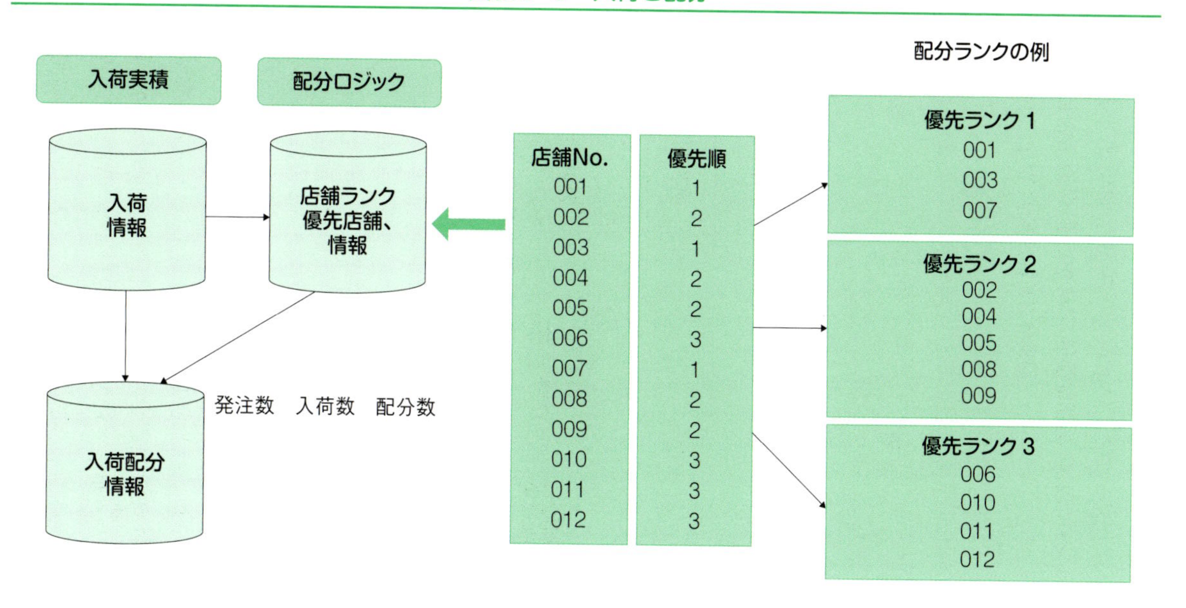
入荷実積
配分ロジック
入荷
情報
店舗ランク
優先店舗、
情報
入荷配分
情報
発注数　入荷数　配分数
店舗No.
001
002
003
004
005
006
007
008
009
010
011
012
優先順
1
2
1
2
2
3
1
2
2
3
3
3
配分ランクの例
優先ランク 1
001
003
007
優先ランク 2
002
004
005
008
009
優先ランク 3
006
010
011
012

す。発注配分総数に対して今回入荷分を、グループ順及びグループ内優先順に店舗別に割り振っていきます（図表6-5参照）。

▶入荷

商品が物流センター等に着荷したら、入荷計上処理を行います。アパレル物流は、柔軟性が求められると同時に多機能な対応ができることが必要です。

納期のずれや品質面で発注・調達段階から課題があり、物流センター側では計画どおりの段取りが組みにくいことがあります。物流センター業務では、商品を積んだトラックが到着すると、荷受して受け入れ処理を行います。送り状の記載個数と、着荷ケース個数の個口を確認します。ここまでは通常の流通業の物流センターと同じです。

アパレル入荷処理で特徴的なことは、品質面の検品、検針をする場合があることです。つまり、完成品が入荷するのですが、入荷品がそのまま出荷品とならないことがあります。これは上流段階の海外縫製工場の品質管理の課題が、そのまま国内の物流センターまで影響が及んでいることを意味します。店舗販売時点で不良や異物混入が発覚すると大問題になるので、店舗へ出荷する前の最後の「関所」の役割を国内物流センターが担うことがあります。海外で第三者検品を徹底して行うことや、しっかりと生産管理や調達段階で品質面の管理ができているクライアントがいますが、上記に述べた事象もあるので、この環境を理解して業務モデルを検討することが必要です。

荷受後の入荷員数検品方法は全数チェック、抜き取りでチェック、ケース記載の内容明細数でチェックなどさまざまです。ここでも管理レベルの差が見受けられます。特にケース外装にカラーやサイズ別の入り数が記載されていて、この数で検数をすることがよくあります。しかしながら記載数が正しくないことがあり、現物明細とはSKUでてれこになることが時々生じます。結果的に在庫誤差を生むことに繋がります。

第３章の入荷で説明していますが、アパレル物流でも事前出荷明細データ（ASN）を入荷予定データとして入手して、SCMラベルスキャンで入荷計上することも進んでいます。入荷員数検品をする場合は、入荷数と伝票記載点数との一致、または入荷数とASNデータとの一致をもって、入荷計上します。差異があれば入荷数の現物数が優先です。

入荷現場の管理ではありませんが、本部側の管理として入荷情報と発注情報の連携で過剰仕入の防止、発注残管理も行います（図表6-6参照）。

「品質面の検品」は「検針」（折れ針の混入検査）、「外観検品」（汚れ、キズなど外観で判断できる検査）、「縫製検品」（縫製チェック、仕様面の確認）と呼ばれる工程を入れ、A品（正常品）、B品（不良品）の判別をします。入荷計上では、A品のみ計上する場合やB品も含めて計上して、B品はあとで仕入先と返品交渉するなど、発注形態で処理方法は変わります。

B品は本部からの指示で、メーカーへ返品することが一般的です。海外生産品で国内で不良が出てしまうと、その対応にメーカー側も国内の発注元も大変苦労することになります。一旦、国内で通関させたあと、不良品が発覚した場合、その修理のために輸出元に戻すことは、運賃・関税、修理コストばかりでなく、販売時期に間に合わず機会損失を生じさせてしまうなど、大変な損失となってしまいます。

アパレルメーカー自身の直接貿易仕入が思ったほど増えないのは、海外縫製工場、調達先の品質管理の問題がその一つの理

図表6-6　入荷の管理

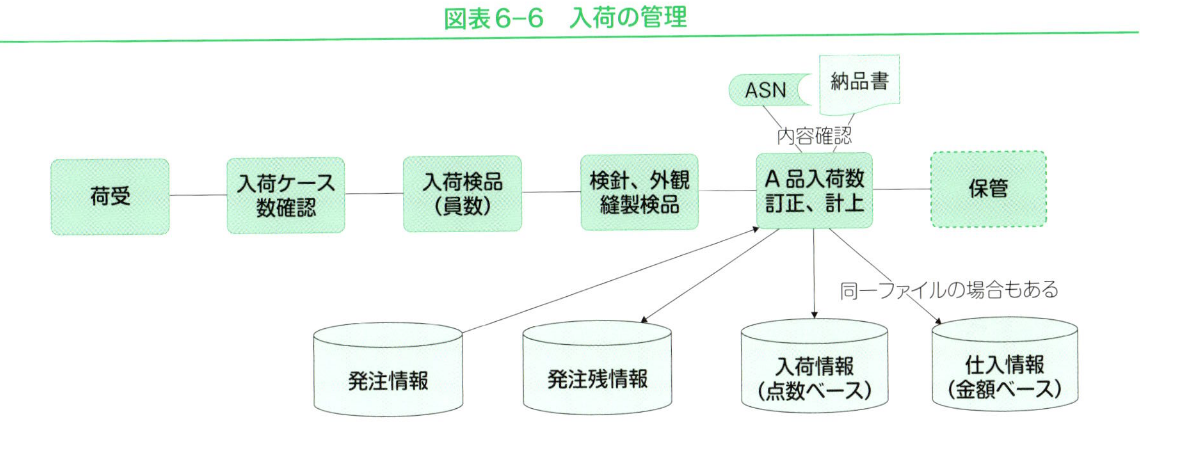
荷受
入荷ケース
数確認
入荷検品
(員数)
検針、外観
縫製検品
A品入荷数
訂正、計上
保管
ASN
納品書
内容確認
同一ファイルの場合もある
発注情報
発注残情報
入荷情報
(点数ベース)
仕入情報
(金額ベース)

由と考えています。

▶入荷後の処理

入荷後の商品の取り扱い処理として、『ビジュアル図解　物流センターのしくみ』では「一般的な物流センターは、機能面から大きくDC（ディストリビューション・センター：Distribution Center）とTC（トランスファー・センター：Transfer Center）の二つに分けられます」と説明されています。

●通過（TC）型

SPA、小売型では発注時に店舗別配分数を決めていることが多く、入荷場から保管ロケーションに移動せず、入荷場に隣接するフリーエリア、または出荷準備エリアと呼ばれる作業場に商品を移し、入荷の単位で店別の出荷作業に入ります。「トータルピッキング」をしたあとに「種まき」を行う方法のほか、「種まき」だけで行う方法があります。どちらを選ぶかは、そのピッキング効率がどちらが高いかだけの問題です。TC型で当日入荷した商品をその日のうちに店舗別に出荷するような場合では、入荷ケースを台車に積んで、店舗別「種まき」をしていくイメージが多いと思われます。入荷した当日中に出荷までを行うので、入荷場＋出荷準備エリアは、業務開始前と終了後に広々とした何も商品が保管されていない空間となります。なお、小売業態ではメーカー・仕入先より店舗へ直送することが多いです。

マテハン（ソーターシステム）を導入している現場では、入荷品を順次ソーターにかけて店別振り分け作業をします。ソーターシステムは、単位時間当たりの処理枚数の最大値が決まっており、また、設置スペースを広くとることから、メリットとデメリットがあります。メリットは、仕分けする作業が機械化されるので、省力化ができること（少ない要員で大量の仕分けが可能）、配分情報どおり仕分けするので、正確であることなどです。

デメリットとしては、ソーターキャパを超えるような入出荷をこなすような場合（店舗投入のピーク週）は、ソーターだけの対応だと出荷しきれないことが生じる可能性があること、設置場所のスペースをとることで、倉庫内で機動的にこのスペースの有効活用ができない点があります。ソーターシステムも一長一短ということでしょうか（図表6-7参照）。

●備蓄（DC）型

入荷後、保管ロケーションに移動して棚に商品保管します。

製造アパレル系が多く、メンズ重衣料、礼服、ベーシック商材を大量に販売する業態に多いようです。

SPA企業では、TC型とDC型の併用型が多いです。初回投入分はTC型で、追加フォローはDC型でという考え方です。例えば初回分の発注全量の4割を事前に店別配分数から店舗投入し、残りについては店頭の売れ筋状況で追加フォロー投入して、全体の消化率を高める考え方です（図表6-8参照）。

入荷してA品であることを前提に入荷数が定まった段階で、入荷計上を行います。

この入荷計上後に、仕入単価確認がとれれば仕入計上します。入荷計上と仕入計上が同じタイミングということもよくあります。

物流センターの荷受前はメーカーの在庫、荷受後から入荷計上までは検品中積送在庫。入荷計上処理は、本部との取り決め

図表6-7　通過（TC）型処理の例

ノー検品で配分情報に基づいて種まき型ピッキングする処理手順例。入荷数の確定は出荷数確定及び保管数確定で入荷数を計上。

荷受 → メーカー、品番確認 → フリーエリアへ移動 → 種まき型ピッキング → 出荷数計上 → 保管数計上 → 入荷数計上

パッキン外装記載の数量で入荷数把握。その数を入荷仮計上。予めの配分数からピッキング出荷。出荷数から入荷数訂正。

荷受 → 記載数で入荷検品 → 入荷数仮計上 → フリーエリアへ移動 → 種まき型ピッキング → 出荷数計上、入荷数訂正 → 保管数計上

入荷検品し入荷明細計上。計上数より配分数をもらいピッキング出荷。

荷受 → 入荷検品 → 入荷数計上 → フリーエリアへ移動 → 種まき型ピッキング → 出荷数計上 → 保管数計上

ソーターを使っての配分、出荷作業。入荷員数検品はしないで、ソーティング結果の過不足数、保管数で入荷数を計上。

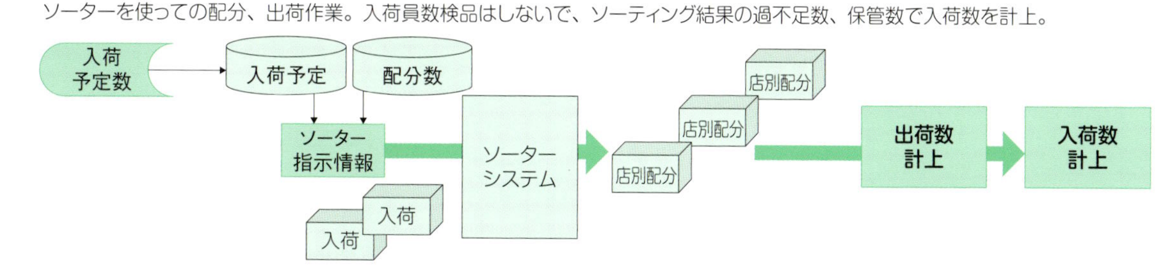

TC型は通過型物流なので、入荷後の品質検品作業は原則ありません。この工程を入れると、入荷当日中の出荷はリードタイム面で困難です。

図表6-8　備蓄（DC）型処理の例

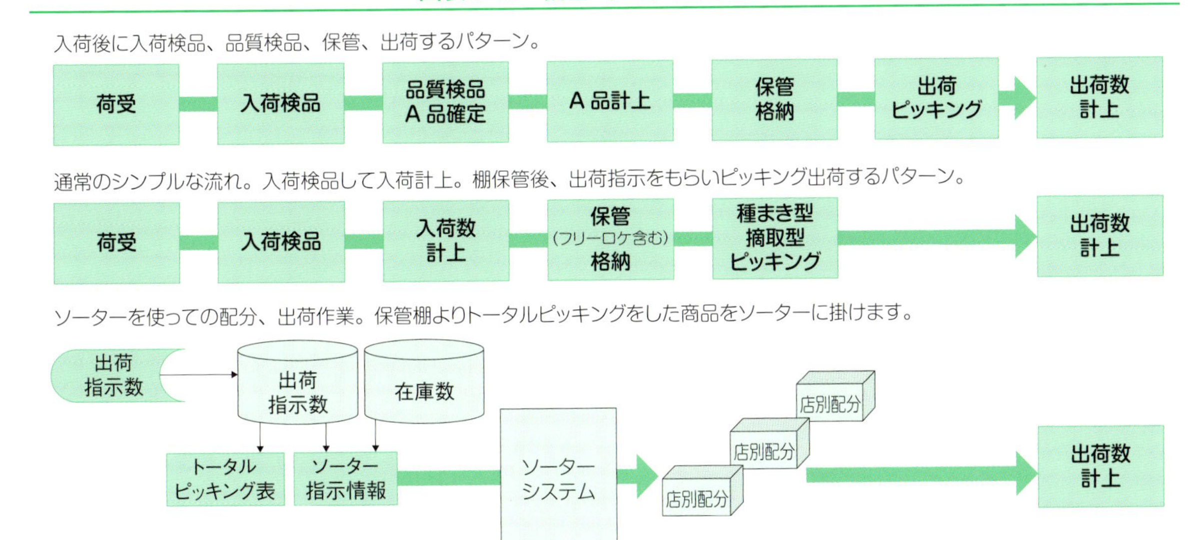

DC型は入荷後に商品を備蓄するタイプです。計画生産で店舗展開より早くセンター納品される場合や、フォロー出荷をするような場合がこのタイプになります。品質検品、検針作業を入荷後の工程として入れることができます。

をして、A品のみ入荷計上するとか、実入荷数優先で納品書の記載数との違いがあれば伝票訂正するなどと決めて、入荷計上をします。

入荷計上から仕入計上を経て、メーカー名義在庫からアパレル名義在庫に切り替わったことになります。物流センター側は数量の管理が一般的です。仕入単価はマスターから入手している場合がありますが、それが今回の仕入単価で使えるかどうかは判断できない場合が多く、仕入伝票の単価訂正は本部で対応することが多いです（図表6-9参照）。

帳簿上在庫に切り替わって、物流センター側は入荷以降の作業がスムーズにできるように、入荷品を整理して棚や一時的に留める場所に保管します。荷受場にそのままにしておくと、次に荷受する場所が狭くなってしまうからです。保管場所は番地がついている棚や、床に区画がレイアウトされている場所です。この保管場所は、あらかじめ、どのエリアのラックに保管されるか決まっている固定したロケーションのほか、フリーロケーションがあります。

備蓄型では、保管作業にも考慮が必要です。ハンガー物、たたみ物で棚の形状が違いますし、坪当たりの保管数も違ってきます。また、SS品、AW品ではボリュームも違い、シーズンが切り替わる中で適正保管スペースの確保は大変な課題です。次に保管ロケーションについてです。ロケーションには棚番号が振られています。棚が整然と整理されたセンターは快適に作業ができます。ロケーションは、フロア（1階や2階など）、エリア、ラック、棚番号のようなアドレスをルール化して付番します。

図表6-9　主な在庫ステータス

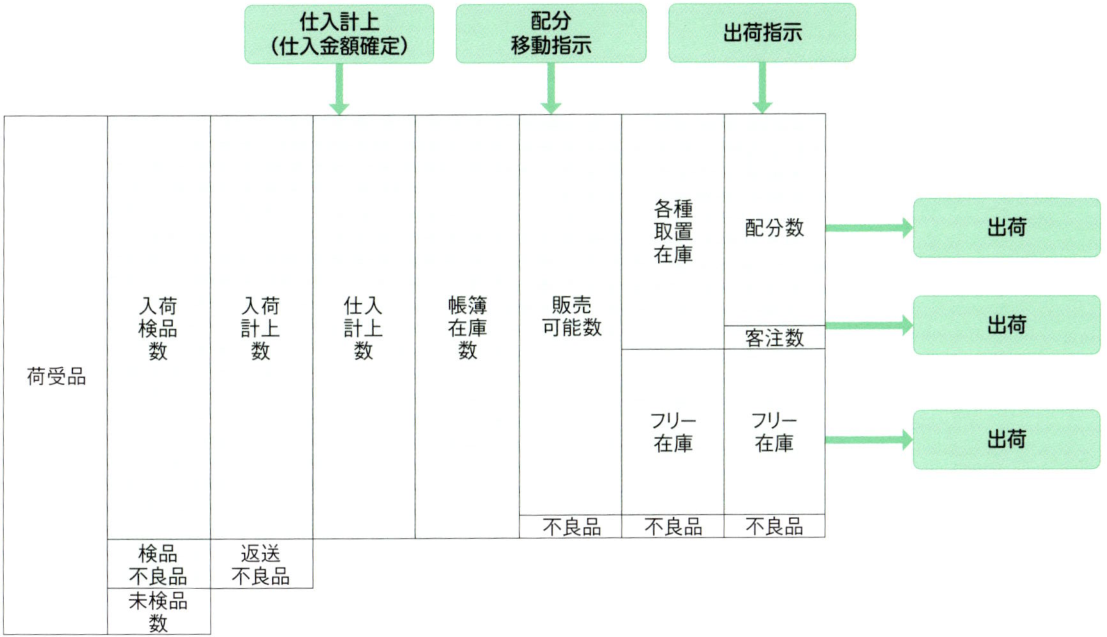

仕入計上（仕入金額確定）
配分 移動指示
出荷指示

荷受品
入荷検品数
検品不良品
未検品数
入荷計上数
返送不良品
仕入計上数
帳簿在庫数
販売可能数
不良品
各種取置在庫
フリー在庫
不良品
配分数
客注数
フリー在庫
不良品
出荷
出荷
出荷

注1：各種取置在庫とは、組織別取置（営業1部在庫等）、店舗別取置、客注などの状態を指します。
出荷指示や移動指示がかかったものは指示済み数ということで、販売可能数から差し引くことが必要。出荷段階のキャンセルを含め出荷指示後のキャンセル対応は、ステータスを前段階に戻すことが必要で、在庫更新ロジックは十分な考慮が必要です。メーカーや商社名義在庫を保管し、アパレル側の引き取り指示のタイミングで仕入計上する場合もあります。他に店舗からの返品区分などの在庫ステータスもあります。

▶仕入計上

入荷計上後に仕入計上されると、商品所有権が自社に移転し、在庫計上となり、支払債務が発生します。

入荷計上と仕入計上が同時に行われることが多いのですが、日々、速いスピードで商品が出入りしている状況では、物流業務を迅速に進めるために入荷計上を先行させる場合があります。物流業務の入荷処理では、○○仕入先より○○商品（品番SKU）が何点入荷した、という情報は客観的につかめます。特に入荷商品明細は数の把握は員数検品で、内容明細の把握は全品スキャン検品することで、正確に検品することができるので、「商品在庫数の管理」という物流側での処理は特に問題はありません。

物流業務委託、自社物流を問わず物流現場の判断で決着ができないものが仕入単価です。あらかじめマスター単価に仕入単価設定があり、仕入先からの納品書記載の仕入単価をチェックすることは物流現場でできますが、マスター仕入単価と納品書単価が違った場合、この判断は物流現場ではできません。アラームを出して仕入計上保留するか、仮仕入計上をして物流側作業を進めます。

特に物流業務を外部委託している場合は、物流センター側は入荷計上で物流在庫として扱い、仕入計上は入荷計上情報に仕入単価のチェックや仕入単価訂正を済ませて、本部側で仕入計上をする方法があります。もちろんあらかじめルールを決めて、マスター設定単価を優先させて、物流側で仕入計上データを含めて確定させる方法も行われています。後者の場合は、アラームを出して本部側で確認をするという管理統制が必要なことを忘れてはいけません（図表6-10参照）。

つまり、数量確定を主眼とする入荷計上と、数量に金額面を含めた仕入計上には少しの時間のズレが生じる場合があるということですが、早ければ日次、遅くとも締め日や月末のタイミングで一致させるので、仕入と在庫棚卸高の間で矛盾が生じることはありません。

入荷計上＝仕入計上とする場合もあれば、明確に両者を分ける場合もあります。入荷と仕入と在庫計上のタイミングを同期させる上で、同時が望ましいことは言うまでもありません。

物流現場では入荷確定で物流在庫として保管作業を進め、本部からの出荷指示に備えます。仕入単価はマスターとチェックし、差異があればアラームを出力（リスト、メール）します。

図表6-10　仕入計上

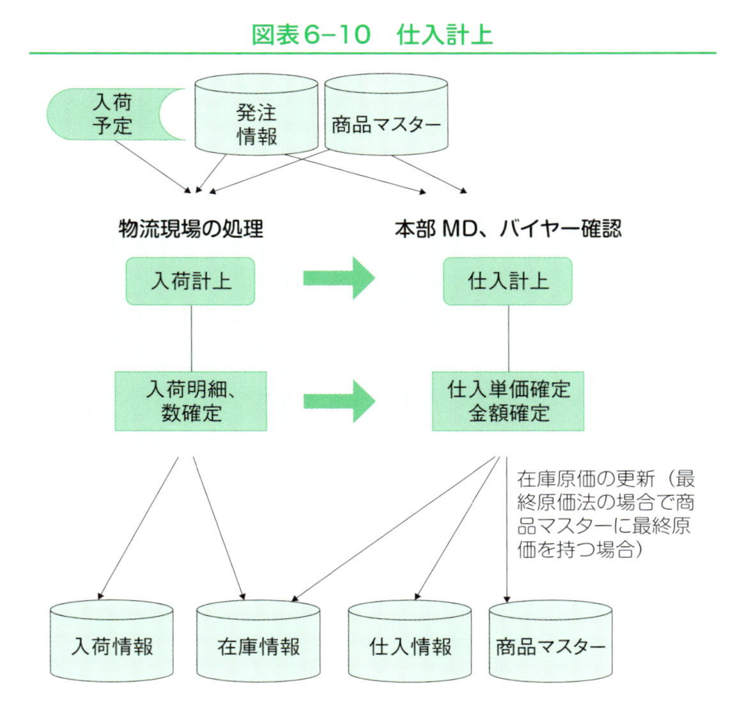

▶在庫原価

仕入計上で在庫計上となることはすでに述べていますが、製品仕入では仕入単価をそのまま在庫原価とする場合が多いです。在庫原価で考慮しないといけないことは、同じ品番（SKU）で追加納品があり、1回目と2回目で仕入単価が違った場合の扱いです。個別原価、平均をとる場合や最終原価をとる場合などがあります。商品マスター上の原価項目へ、仕入計上時点で個別原価や最終原価をセットすることは容易ですが、組織別やブランド・商品別、得意先・店舗別などで在庫高を原価ベースで持つような場合のデータ更新は、容易ではありません。照会画面や帳票編集で原価ベースを表示する際、品番数が少ない場合は計算プログラムで原価引きをするか、日次のバッチで原価金額の更新をするかの選択をします。仕入計上の処理で在庫原価修正を持ち込むと、リアルタイム処理に重い原価更新の処理を持ち込むことになり、負荷がかかるため、あまりお勧めしません（図表6-11参照）。

在庫原価法ではアパレル企業において一般的に個別原価法、最終原価法、総平均法、移動平均法を採用する場合が多いようです。

店舗在庫高評価については、売価還元法もあります。

委託加工では製品の入荷は縫製工場からの入荷となり、納品伝票は「加工賃」が金額欄に記載され、入荷段階の金額チェックはマスター設定の加工賃とのチェックとなります。商品原価は、第5章で説明したように生地（表地）、資材、加工賃等の1点あたりの製造原価を商品原価とします。

図表6-11　在庫原価

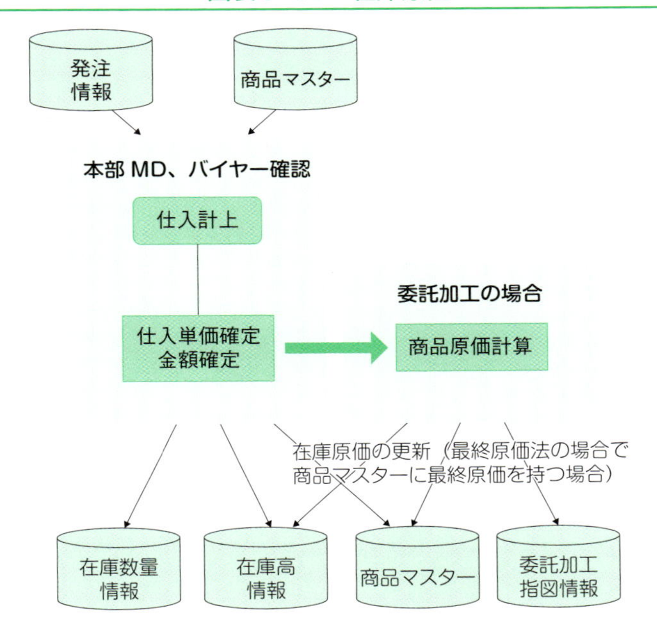

▶在庫管理

第3章で述べたように、在庫管理には数量と金額の管理があります。

在庫には帳簿在庫、取置在庫、販売可能在庫、積送在庫、預け在庫、預かり在庫、不良品在庫などがあり、また保管場所別に物流センター在庫、本部在庫、店舗在庫、ECスタジオ在庫、その他などの区分けをします。さらに保管場所単位でのロケーション、フロア、エリア、ラック、棚番といった物流業務実施に不可欠なロケーション情報も在庫管理の一環です。

販売管理では在庫金額の把握をする必要があり、期首在庫（月初在庫）、期中（月中）の受け払い（出入り）、期末在庫

(月末在庫)、現在在庫の管理は必須です。このような見方は金額及び数量ベースです。金額は設定販売価格（上代）ベースの金額と原価ベースの金額の両方の見方があります。売価変更があれば、最新売価での在庫高の洗い替えができるようにしておきます。原価ベースの場合は、仕入原価として最終仕入原価法、平均原価法、移動平均法などの原価設定があるので注意が必要です。販売管理はブランドや事業部門単位で、また、商品単位で在庫の数量と金額を把握するので、物流現場軸である物流ロケーション単位での在庫高把握は通常は必要ありません。そのため物流センターの在庫管理では、現場側に必要な点数管理が基本となり、発生した入荷、仕入、出荷、移動、商品振替(A品からB品へ振替、商品セット組やばらしなど)、返品数などの情報を正確に品番SKUで把握していることが物流側のデータ管理になります。営業部門別に在庫管理をしている場合は、もちろんこの単位での管理が物流側でできていることは言うまでもありません。

在庫系のファイルを1つで持つよりも、機能別に複数ファイルを連携させてデータを保持することが、ファイル設計上は良いと考えます。「月次在庫として前月繰越、当月入荷、出荷、返品、移動、その他、月末在庫として持つファイル構造」、「部門別、組織、ブランド別に商品明細で持つファイル構造」(店舗在庫は別に切り分けて持つファイル)、「物流側のロケーション別在庫構造」、用途別に最低3つ以上の在庫の管理切り口があると考えます（図表6-12参照)。

在庫ファイルは複雑な構造をしており、運用途中でのシステム変更で在庫更新に不具合が生じてしまうことがあります。その影響を最小限に留めるために、複数の在庫ファイル間で矛盾が生じないかを、整合性チェックプログラムで監視をしておくことが良いでしょう。潜在的なバグを見つける手段としても有

図表6-12　在庫データの持ち方の例

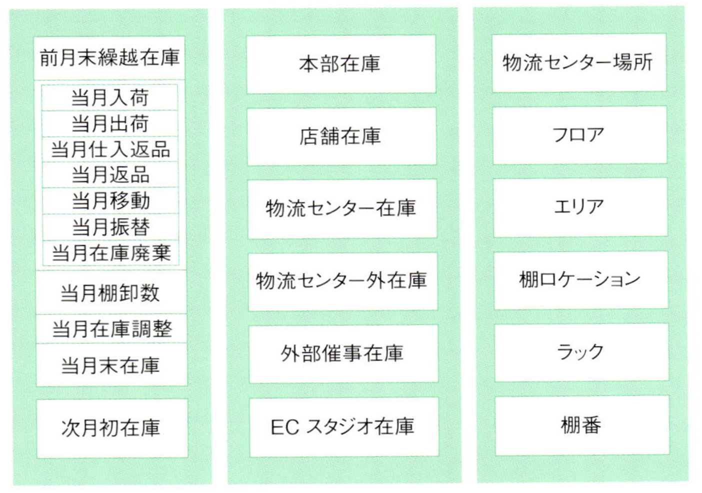

大きくこの3つの持ち方がありますが、これに組織別、商品別、商品ステータスが加味されます。左側の受払い型のファイル構造は、数量、金額ベースの両方が必要です。
組織は部門、営業部、本支店。商品はブランド、カテゴリー、アイテム、品番、SKU。商品ステータスは良品・不良品、積送、販売チャネル別や各種取置（店舗、客注、配分状態）、入荷・仕入・保管などの物流センター内のステータスを指します。

効です。

▶出荷指示

出荷指示の基本は、「販売可能在庫」から出荷すべき商品を、何点、いつ、どこの店舗へ出荷するかをその他注意事項などを含めて意思表示をすることです。システム化されていれば、出荷指示入力を行うという作業になりますが、単にEXCELシートに上記の項目を入力し、物流現場に渡すような場合もあります。

▶手作業による出荷指示

商品の注文があり、それを出荷指示する場合です。

また、「販売可能在庫」を調べて、それを店舗別に割り振って出荷指示入力することもあります。

店舗数が2ケタ以上になると、店舗在庫数を確認しながらの登録処理は、かなり大変な作業です。

▶自動出荷指示

販売された商品を補充する目的で「自動出荷指示する」とか、「受注が入荷前にあり、受注数に入荷数を引当する処理をして、自動出荷指示をする」などといった使い方をします。システム面のカバーが不可欠な出荷指示です。

仕入計上されて販売可能状態になった時点で、受注数があれば受注分の引当処理、発注配分数があればその数量を引き当てる処理を行います。残りをフリー在庫として、品番SKU別の個別出荷の対象とする流れが一般的であると考えます。

客注対応の手作業でオペレーション画面に向かって指示入力をする場合と、システム的に自動で指示データが出る場合の並存型があります。

画面からの出荷指示入力例としては、SKUが縦に並んだ状態で出荷可能数が表示され、店舗別に出荷指示数を入力します。

レジロール紙や伝票類、店舗備品やショッパーの同梱指示などを、商品出荷指示と並行して行う場合もあります。

在庫管理を組織別に管理していたり、店舗用在庫と通販用在庫のように在庫を分けて管理している場合では、総在庫では販売可能在庫はあるのに、自部門では販売可能在庫がないということが生じます。在庫移動をして出荷指示をすることが原則ですが、運用上、移動処理と出荷指示を行う部署・要員が異なる場合は、微妙なタイムラグで引当ができないようなことも起こります。定期的な未引当アラートリストなどを準備することも有効だと考えます（図表6-13参照）。

得意先とEDIをしている場合は、受注データを受信して販売可能在庫と引当する処理を行います。引当結果を担当営業部門へフィードバックする仕組みを作ることが重要です。

▶ピッキング

出荷指示が出ると、次はピッキングです。ピッキングを説明するには、いくつかの物流バリエーションを把握しておく必要があります。前述の「入荷後の処理」の項で一部説明をしていますが、物流運用形態として「通過型」か「備蓄型」か、この併用型か、また、ピッキング方法は摘取型か種まき型か、さらにピッキングリストによるピッキングか、ハンディターミナルを使ったピッキング、またはソーターを前提にしたピッキングか、という点です。

「通過型」は、商品を荷受して棚等に保管せず出荷する作業形態で、基本的に保管品を発生させません。また「通過」という名前どおり迅速に出荷することが求められ、基本的に当日中に出荷完了させる作業形態です。

小売型の業態に多く、この作業形態をスムーズに運用するには、商品荷受後に直ちに開梱してピッキングができるようにしなければなりません。また、入荷全数の員数検品は時間の関係でできないことから、クライアント側から入荷予定明細と配分明細の報告をあらかじめ受けて、入荷予定明細で入荷仮計上

図表6-13　人手、マニュアル作業による出荷指示

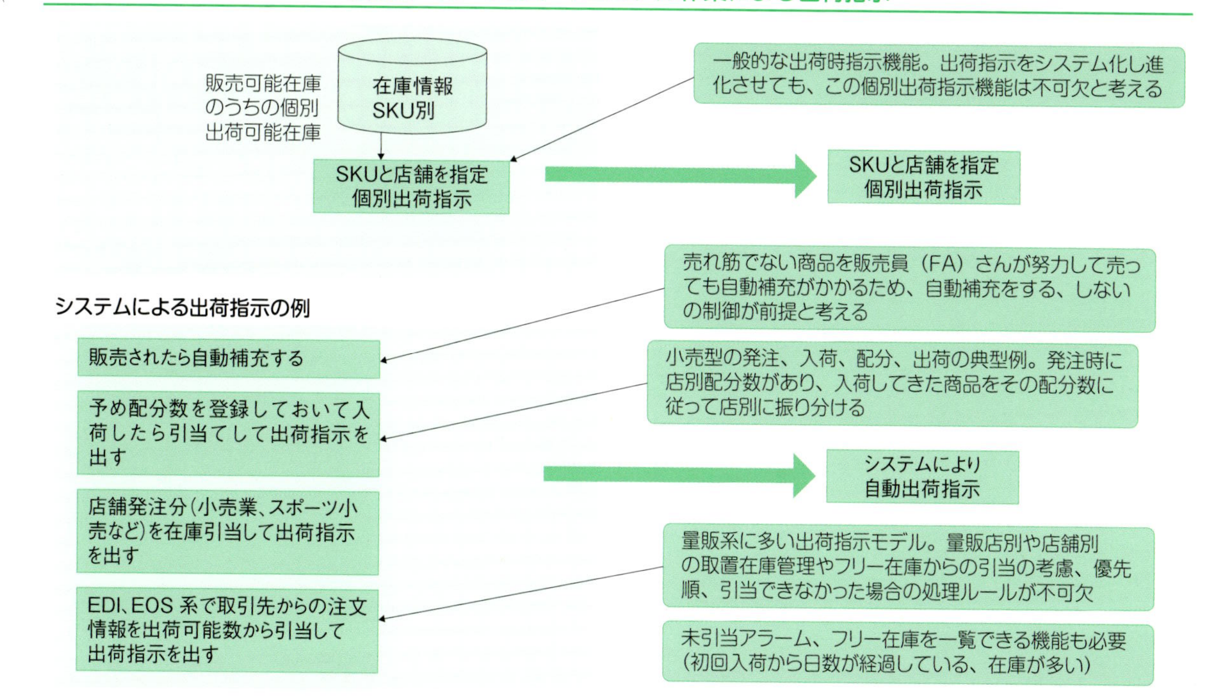

し、配分明細を引当て、ピッキングリストの発行をします。

手作業による「種まき型」の場合を想定すると、このピッキングリストは商品品番SKU別に配分先店舗数別に配分数を記載した様式です。ピッカーはケース開梱後に員数検品せずに、ピッキングリストにしたがって店舗別振分用ケースを準備して並べ、該当店舗のケースに商品を入れて（振り分けして）いきます。

店舗数が多い場合は、50店舗くらいが動線を含めて作業効率が良く、1つの「種まき単位」にしている場合があります。

箱への入れ間違いや数量の違いは、この作業だけでは防げないので、ケースに入れる段階でチェックする工程を入れることもあります。入荷員数検品はしないので、最後に商品が不足したり、余った場合は、振分作業精度が確保されている前提でこの差数を入荷予定数から加減算して入荷数とする場合もあります。規模の大きいところでは、1日に10万点に近い数の入荷品を当日に店別配分して出荷してしまうセンターもあります（図表6-14参照）。

手作業による店舗振分作業の誤差防止や、作業員の確保難、全体的な効率化からソーターシステム（ソーター）で種まき作業を行う場合も多いです。特に大規模物流で精度の高い入荷予定品の入手や着荷ができる場合には適しています。ソーターがある場合は、ソーターで配分する数をトータルピッキングとして摘み取り仕分けし、ソーターにかけます。事前に配分データをソーターシステムに登録しておかねばなりません。ソーター用に準備できた商品をソーターの読み取り投入口からソーターに載せると、自動的に必要な店舗アドレスのケースへ仕分けられます。

当日入出荷の種まき型では、ハンディターミナルまたはピッキングリストで店舗別に仕分けをします。繰り返しになりますが、店舗別ケースに入れた商品の検数や内容明細検品をしない場合は、入荷精度や出荷精度が維持できなくなり、在庫誤差を生みます。処理時間との戦いで、現場作業ではスピードと精度維持の両方が求められ、苦労する業務です。

保管棚からピッキングする場合は、トータルピッキングをしたあとに店舗別仕分けをする方法と、店舗別（出荷ケース単位等）に摘取型でピッキングする場合があります。保管スペースが広くてピッキング動線が長い場合はトータルピッキングが処理時間的に有利です。ただし、すべての品番のピッキングができないと店舗別の梱包が完了しないので、集荷時間が早い遠距離店舗や急いで出荷したい店舗対応には難があります。

次は「備蓄型」処理について記述します。

「備蓄型」は入荷計上後に、棚等のロケーションに在庫を保管するタイプの物流です。小売業では必要な量の商品だけをバイイングするので通過型が多いと想定しますが、SPAや製造卸メーカーの場合は備蓄品があります。新規商品が入荷した場合は、全量を店舗に出荷せず、あらかじめ初回配分バランスを決めておいて、初回分で3割や4割などを配分出荷して、残りの7割から6割をフォロー配分出荷用として備蓄保管をします。

「備蓄型」のピッキングでは、店舗別の摘み取り方式と、一旦トータルピッキングで摘み取ったあとに、店舗別に種まきする方法があります。これもピッキングリストで行う方式と、ハンディターミナルで行う方式があります。ピッカーの現場機動性を考えると、ハンディターミナルを利用するほうが、ピッキングミスの防止になります。

ピッキングリスト方式でトータルピッキングをする場合は、途中で作業者が交代したり、欠品が生じた場合の引き継ぎが曖昧になったり、リスト上の問題ではないものの、作業中に新た

図表6-14 ピッキング

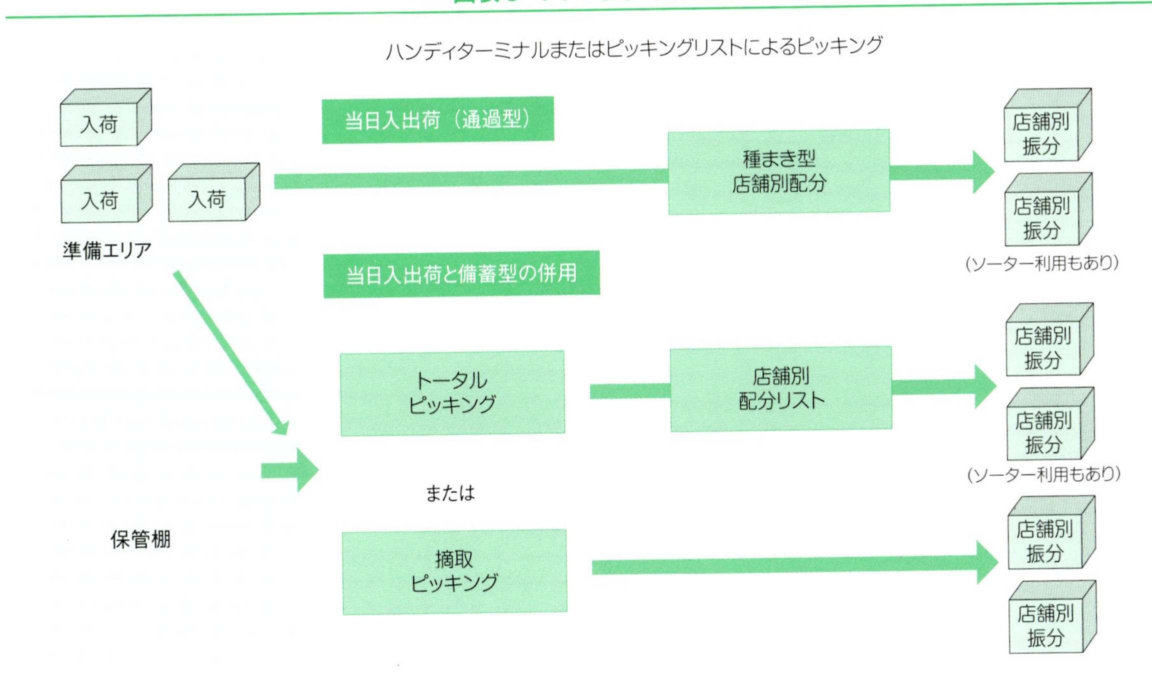

ハンディターミナルまたはピッキングリストによるピッキング
入荷
入荷
入荷
準備エリア
当日入出荷（通過型）
種まき型
店舗別配分
店舗別
振分
店舗別
振分
（ソーター利用もあり）
当日入出荷と備蓄型の併用
トータル
ピッキング
店舗別
配分リスト
店舗別
振分
店舗別
振分
（ソーター利用もあり）
または
保管棚
摘取
ピッキング
店舗別
振分
店舗別
振分

な入荷があった場合に、どこまで作業を完了させているか不明確になる場合があります。物流作業や在庫管理精度を維持するには、目視による人手の作業には限界があり、ソーターシステムやハンディターミナルシステムの活用が有効です。

「備蓄型」では、棚ロケーションの工夫も必要です。ブランドで分けた上で、ハンガー物とたたみ物で保管棚ロケーションを分けます。保管する商品棚は、番号順のロケーション配置をとります。商品がどの棚番に保管されていようが、棚番順にピッキングリストが出力されれば、現場の作業者は商品を探して行ったり来たりすることは防げます。現場のルールと整合性のないまま、例えば単純に商品コード別に出力されたようなピッキングリストだと、棚に商品コード順に保管されていないような場合に、最悪のピッキング工数になってしまいます。

「備蓄型」でソーターを利用している場合は、保管といってもSKU単位に保管棚に入れている状態ではなく、入荷荷姿のままでケース保管をしている場合がほとんどです。理由は人手で棚から店舗別にSKU単位で取り出す必要がないからです。ケース保管の状態からトータルピッキングして、ソーター利用で店別に仕分けをしていきます。ピッキングミスがなく、かつ生産性の高いやり方については多くの企業で課題として抱えているテーマです。

「通過型」と「備蓄型」の併用型はSPA企業に多いです。初回投入は通過型で、フォロー出荷は備蓄型の形態をとるケースです。物流現場の作業バリエーションが分岐していくので、十分な現場習熟が求められます。

さらに縫製工場や検品工場出荷時点で、ケースに品番SKUの指定組み合わせ数で梱包する場合があります。物流センターでは開梱せず、ケース単位で入荷、保管、出荷をします。このような場合はケースにSCMラベルを貼ることでASNデータをもらっており、SCMラベルを読み取ることで明細数を計上できるシステム化が図られています。

▶出荷と売上計上

売上計上は、商品所有権が相手側に移り「売上」が当方側に立つという意味です。現金販売なら現金入金となり、掛売の場合は売上債権を計上します。

出荷した商品をそのタイミングで売上計上する場合は、出荷＝売上という取引形態です。しかも出荷基準で売上計上をするという会計統制を適用しています。第2章で「買取」という形態を説明していますが、「買取」という形態は、卸売及び百貨店取引の買取です。百貨店取引の「委託」も出荷したタイミングで売上計上をします。ECを含めた通販においては、消費者向けの出荷は、「代引き決済」を含め出荷段階で売上計上とすることが多いです。

直営路面店（自ら店舗POSレジを置いて売上管理をする場合）や百貨店インショップ（消化取引）、その他消化取引形態の出荷は、出荷段階では売上計上はせず、店舗で販売ができた時点ですることになります（注：直営路面店と百貨店インショップなどの消化取引店舗を合わせて直営店と呼ぶことがほとんどです）。

売上計上での先方検収基準は、商品を出荷して先方に到着して受領書をもらったあとに売上計上する会計統制です。

この取引形態は、物流センターから出荷する場合はあまりないようです。先方の「受取」のエビデンス（証拠）をしっかり入手したい時や、メーカーから直送するのと同時に仕入計上をする時で商品送付が他社任せになっているような場合に、商品着荷の証拠をもって売上計上や仕入計上をすると決めているパターンが多いようです。

売上金額については、商品マスターに当初設定小売売価、売価変更を制御するマスターに最新売価を保持して、得意先掛率を設定したマスターも参照しながら、卸先や店舗ごとに出荷卸価格を算出して伝票に印字します。プロパー品とセール品で掛率は変わります。つまり、「買取」ということは卸売をするということになり、小売売価に対して卸値を算出する掛率（納品掛率、納品率）で卸価格＝売上金額を算出します。直営路面店や消化取引の場合は、自社所有の商品を店舗に移動したというだけなので、繰り返しますが出荷段階では売上計上にはなりません。ECを含めた通販売上ではダイレクトにお客様に出荷するので、自社直営サイトで販売する場合は小売販売価格がそのまま売上計上金額となります。

売上集計のための情報収集は、買取形態は物流側の出荷情報、直営路面店は自社設置のPOSレジ売上情報、百貨店消化取引を含めた消化店（直営店）は自社設置の店舗管理システム、ECファッションモールは日々の売上報告、以上から売上集計をすることが一般的になっています（図表6-15参照）。

売上処理の中で商品原価を引当して、出荷分の粗利金額を保持します。

▶売上集計

卸売、百貨店、直営店の各販売チャネルを併用して、営業活動をしているクライアントが多い印象を受けます。この場合の売上集計はどのようにするのでしょうか。販売価格という意味に、当初設定販売価格やレジでの実販売価格を意味する上代

図表6-15　販売形態と売上計上タイミングの関係

タイミング＼販売形態	卸売（専門店）	百貨店（買取、委託）	直営路面店	百貨店（消化）、他消化取引店	自社EC直営サイト	ECモール卸
出荷基準						
出荷	売上計上	売上計上	該当しない	該当しない	売上計上	該当しない
販売時	該当しない	該当しない	売上計上	売上計上	該当しない	売上計上
受領時	該当しない	該当しない	該当しない	該当しない	該当しない	該当しない
先方検収基準						
先方検収	売上計上	売上計上	該当しない	該当しない	該当しない	該当しない

と、卸売価格（下代）があります（クライアントによっては、下代を商品原価の意味として使う方もいるので、本書では店舗販売価格を上代、卸価格を下代、商品原価を原価と呼びます）。

通常の売上資料では上代ベースと下代ベースの2本立てで管理し、販売チャネル別の小計をとってチャネル別の売上高を把握して、全合計を集計するというイメージが多いです（図表6-16参照）。

▶専用伝票、値札

出荷先（得意先）指定の納品伝票があり、指定のある得意先へは、この指定伝票様式で発行しなければなりません。代表的な伝票は、百貨店統一伝票やチェーンストア統一伝票です。また、値札も百貨店を中心に指定のものがあります。

出荷指示を受けて伝票発行する場合、自社伝票での出荷伝票、先方指定の伝票（専用伝票）の二通りがあります。

卸売では、相手先品番、カラー、サイズ標記や、備考欄に先方指定テキストを印字するなど、先方からのさまざまな指示や指定があります。専用伝票の発行は手間がかかり、卸企業の物流現場ではお得意様ごとの伝票記載事項のマニュアルがバインダーに綴られ、棚の1段にはこのバインダーが並んでいる光景を時折、目にします。

製造卸の会社は、アパレル企業から発注を受けたメーカーや商社の生産下請け先となっている場合もあります。

さらに、荷主であるメーカーや商社側からアパレルメーカーに納品する業務も含めて受託している場合があり、専用伝票も荷主名義の伝票で起票する必要がある場合があります。つまり、同じ伝票フォーム内で自社から荷主に卸す単価と、荷主か

図表6-16　取引形態別の売上集計の例

取引形態	小計	店舗販売金額（上代ベース）		卸金額（下代ベース）	
		プロパー	セール	プロパー	セール
直営路面店		○	○	×	×
	直営路面店合計	○	○	×	×
百貨店買取		○	○	○	○
百貨店委託		○	○	○	○
百貨店消化		○	○	○	○
	百貨店合計	○	○	○	○
専門店		○	○	○	○
	専門店合計	○	○	○	○
FC店		○	○	○	○
	FC店合計	○	○	○	○
EC販売直営		○	○	×	×
EC販売卸		○	○	○	○
	EC販売合計	○	○	-	-
全体売上		**直営販売金額合計＋卸下代合計**			

店舗販売価格ベースであれば、すべてのチャネルの合計基準が揃うので、売上や商品管理面で全体を把握しやすいでしょう。会計面の「売上計上」は、直営路面店やEC自社直営サイトの売上は一般消費者への販売価格ですが、百貨店や専門店、ECファッションモールなどで「卸売」形態の取引の場合は、卸価格が売上計上金額となります。
大型ショッピング施設にテナントとして出店する場合は、館（ディベロッパー）へ賃料、売上の一定割合を支払います。このような取引形態は、流通チャネルを問わず「直営路面店」としてあつかわれることが多いです。
クライアントにより分類や集計の括りは微妙に変わるので、要注意事項です。

らアパレル企業へ卸す単価を同時併記する伝票フォームです。ただ、複写カーボンでそれぞれの取引で使う単価しか見えないように工夫します。

専用伝票はいろいろなフォーム、パターンがあるので、日々、出荷があるような運用では、伝票発行をシステム化してもよいのですが、シーズンのスポット取引や、月に数枚の伝票量だとシステム化をするまでの工数を掛けられない場合があります。専用伝票の対応は、事務作業の手間とシステム化工数をよく勘案して検討をしましょう。

値札は、得意先、店舗の指定に合わせて販売価格を表示したり、先方指定の売場コードやバーコードを印刷したものです。「ブランド下げ札」とは通常は別になります。

このように、出荷指示に合わせて、「出荷」という作業では自社伝票、専用伝票、値札の印刷、発行処理が必要となる場合が多いです。

▶移動、部門振替

●移動

取引先、得意先間で金額の動きがない商品の動きを移動といいます。アパレル自社内で、保管場所が物流センターから本部へ商品を動かす時や、物流センターから自社店舗や消化取引店舗へ商品を出荷するような場合です。

また、商品不良による交換などの出荷（売上）、入荷（仕入）も、伝票を起票せずに「移動」扱いの対応が多いです。

物流センター内では「移動」をさまざまな業務で用います。A品からB品に商品を移す作業では、保管棚が違うので棚移動をして在庫保管場所を替えます。フリー在庫から取置在庫にする時や、店舗からの返送品を日付や店舗コード別に入荷管理し、一時保管するような時は、棚ロケーションを振って移動処理をし、該当ロケーションに移動、保管します。

●部門振替

在庫を会社単位ではなく、会社の中の組織別に管理しているような場合の在庫移動は、金額の移動を伴います。例えば商品部で一括仕入をして、その商品を営業部で販売在庫として持つような時や、営業部1、営業部2、営業部3……など各営業部が同じ商品を取引先に販売する場合です。製造卸や輸入卸型企業に多いです。

部門振替では、移動する商品コード、SKUの在庫評価を振替先の組織の在庫評価額に加算することになります。この処理を現場担当者が勝手に行ってしまうことがないように、きちんと伝票を発行して承認をするルールが不可欠です。なお、一般的には部門振替は経費等の振替に用いることが多いと考えます。

▶返品

買取や委託取引の商品戻りが「返品」、直営路面店や消化店からの商品戻りが売上のマイナス処理にならないので「返送」と言って区別することがあります。ここでは主に返送について記述します。

返送品は店舗で販売の動きが悪く滞留した商品や、売れ筋であるものの補充ができず、主力店に集約させるため、一旦戻すような戻り品の取り扱いのことです。

低単価商材や小売業型では店舗でマークダウンをしていくことで、物流センター側に返送しないよう、運用していることもよくあります。それ以外に戻る場合は不良品、交換品などです。

店舗から戻るタイミング、物流側での処理、返送された商品の再出荷・格納という3つのことについて説明します。

まずは「返送」のタイミングです。①シーズン末にセール品の残品がまとめて戻る場合、②店舗の販売動向で動きが悪い商品を随時戻す、などの場合があります。①はそのまま格納されるか、社員販売、外部催事、アウトレット店で販売していく選択になります。②については、再アソートして店頭へセール商材として再出荷することが多いです（図表6-17参照）。

つまり返送をするのは、シーズンが終了して古い商材を店舗から出して新シーズン品を入れるため、店舗ごとにカラーやサイズで歯抜け状態になった売れ筋商品を集約して販売するため、売れ行きが良くなく一旦物流センターに戻してセール品で再出荷するため、などです。

物流側は、早めに処理しないといけません。店舗からの返送品は、パッキンにSKUがバラバラな状態で梱包されています。通常のメーカー入荷より作業の手間が数倍かかります。その状態で早く返品計上して本部側に返品明細を通知し、さらにどこの店舗へ再出荷するかの指示をもらい、ピッキングして出荷する作業が、一連の作業連携で実現できることが必要です。一般的には店舗返品処理は商品到着から早くて数日を要し、対応が悪い場合は数週間を要する場合もあります。期中であれば戻り品を速やかに再出荷することが全体の消化率を上げることになり、大変重要な作業になっています。

物流側は、物の管理なので、返送品を含めて一括りで返品処理と呼びます。

▶評価替え

シーズン終了後在庫として残り、次シーズンへ繰り越すような場合、次シーズンでは当初設定売価では売れないので、シーズン終了時に在庫評価原価を下げる行為を指します。原価を下げると元の在庫原価との差が生じます。これを評価損といいます。メンズ重衣料の評価減の割合は、カジュアル（軽衣料）よりも下げない傾向があります。

評価替えは、大分類（メンズ、レディース、ユニセックス、子供、雑貨など）、カテゴリー・アイテム、シーズン、生産

図表6-17　返送品の流れ

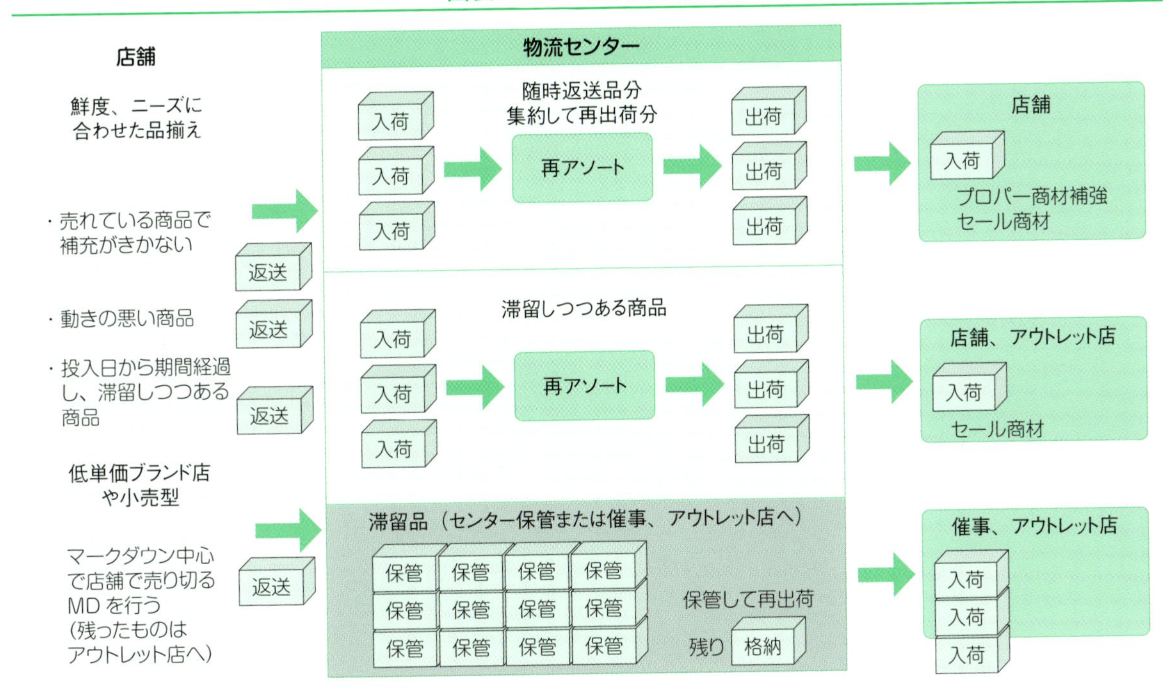

（仕入）から何年目かという経過期間で、評価を落とす割合が決められていることが多いです。

元原価と評価替え後原価の差額を対象商品の明細レベルで一覧データを出力します（図表6-18参照）。

図表6-18　評価替え

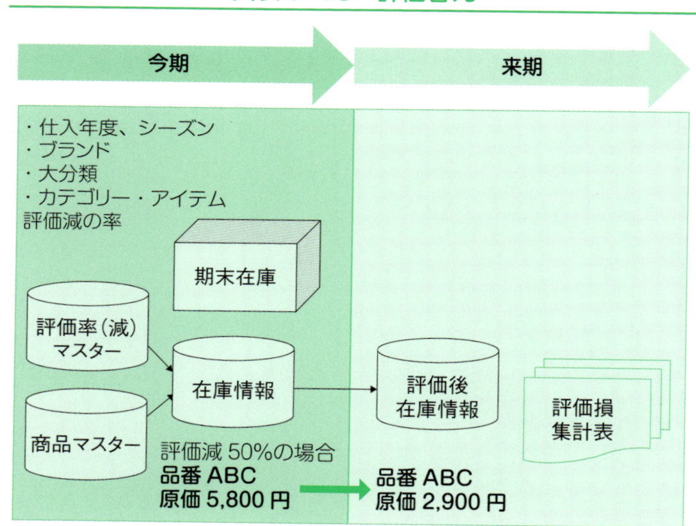

▶店間移動

初回店舗投入してしばらく経過すると、店舗別に売れている商品の状況が微妙に違ってきます。同じ品番でもカラー展開やサイズ展開に歯抜けが生じると、販売商品としては戦力ダウンしてしまうため、売れている商品は売れている店舗へ移動します。SKU明細の在庫を厚くして、その店舗で売り切ってしまうという考えで、商品集約をかけるためです。また、動きの悪い商品は動きの良い店舗に移動します。店間移動は、個別の客注があった時に在庫のある店舗から、ない店舗へ移動をかけます(図表6-19参照)。

店間移動の処理は、移動指示を本部から店舗へ出して、FAが指示商品を抜き取り、箱詰めして相手店舗へ送るという作業が生じます。この作業工数と移動の運賃を積み上げると、店間移動に要するコストが試算されます。

店間移動の頻度で、店間のまま行うか一旦物流センターを通すかの判断が必要です。

▶売価変更

初回投入後に店舗の販売売価を変えることを指します。マークダウンと同じ意味です。滞留しそうな商品を値下げして販売促進を図り、消化率を引き上げる手段として用います。

店舗投入後の商品の動きで在庫回転日数が長い場合や、期間消化率が悪い場合に売価を下げて販売促進します。売価変更＝セール品かといえばそうではありません。プロパー品でも販売価格を下げていく場合があり、セール品対象品番になった時＝セール品と呼びます。

売価変更する場合は、ある時期以降はこの価格にするというやり方のほか、ある期間を過ぎたらもとの売価に戻すというやり方もあります。開始日と終了日を決め、また、新売価の制御をします。

店舗システム側では、最新売価に更新されているPLUマスターを読み、バンドル処理などの現在商品売価計算をして、レジ価格表示をします（図表6-20参照)。

図表6-19　店間移動

初回店舗投入
追加投入
→
販売動向
把握
→
移動検討
→
移動指示

販売動向把握：
品番、SKU 別に、
初回投入日からの
経過日数
在庫日数
累計消化率
在庫数
などを把握

移動検討：
売れ筋：
追加投入が可能か?
不可の場合に、
売れている店舗（地
域主力店）へ周りの
店舗ごとの在庫状況
をみて、売れている
店舗へ集約
滞留品：
本当の滞留品はセン
ターに戻す、アウト
レットへ移動。滞留
しつつある商品は、
販売している店舗へ
移動

移動指示：
どの商品を
どの店舗から
どの店舗へ

図表6-20　売価変更

店舗投入
→
販売動向
把握

売価変更
判断

売価変更
指示

販売動向把握：
初回投入日か
らの経過日数
在庫日数
累計消化率
在庫数
など

売価変更指示：
対象商品は?
いつから?
いくらへ変更?
（パーセントで変更、
新売価金額を指定）
セール品へ切替?
アウトレットへ切替?

店舗在庫の販売価
格ベースの在庫高
修正

▶PLU処理

ソースマーキングされたJANコードをスキャンして、売価をPOSに表示させる仕組みを指します。大型店でPOSターミナル（レジ）が複数台ある場合は、本部サーバー、店舗コントローラー（サーバー）、POSターミナルの構成で仕組みを構築し、POSが1台または少数台の時は、本部サーバーとPOSターミナルの構成で仕組みを構築することがあります。

PLUファイルにJANコードをキーにして、売価を登録することが基本的な考え方です。商品についているバーコードをスキャンすれば正確な最新売価がわかる仕組みです。回線切断や本部サーバー障害時を考慮して、店舗側でPLUファイルを持ちます。仕組みは複雑です。新規商品導入時に、商品マスター登録をし、PLUファイルにも「売価」の登録が行われます。商品導入後に売価変更があれば、変更情報をPLUファイルに反映させます。

売価変更のバリエーションも複雑です。本部が全店を対象にした通常値下げや企画催事値下げ、店舗独自の期間や時間限定での値下げ、複数点の購入で値引き（バンドル処理）、均一単価セールなどのケースがあります。

仕組みの例ですが、商品マスターからJANコード単位に売価を持つPLUファイルを作成します。

いつからからいつまでという期間や店舗別に売価変更される情報は売価変更マスターに持ちます。その該当条件からPLUファイルを更新します。

PLUファイルですべての現在売価に対応するのは難しいので、別に条件制御ファイルやテーブルを持って、最新売価のコントロールをします。個別店舗の部門や売場品番単位のタイムセール（一律10％オフとか）や、セット販売、1000円均一などは、PLU＋条件制御ファイルで処理したり、レジ登録時に販売価格変更で対応します。

店舗コントローラーやPOSが不具合を起こした時や新店開設の場合は、随時、PLU情報が参照できてデータが店舗側へダウンロードできることが必要です（図表6-21参照)。

店舗側と本部間で値下げの運用ルールを決めて、ファイルやシステム機能の分担を明確にする必要があります。

図表6-21　PLU処理概念図例（構造はシステムにより違いがあります）

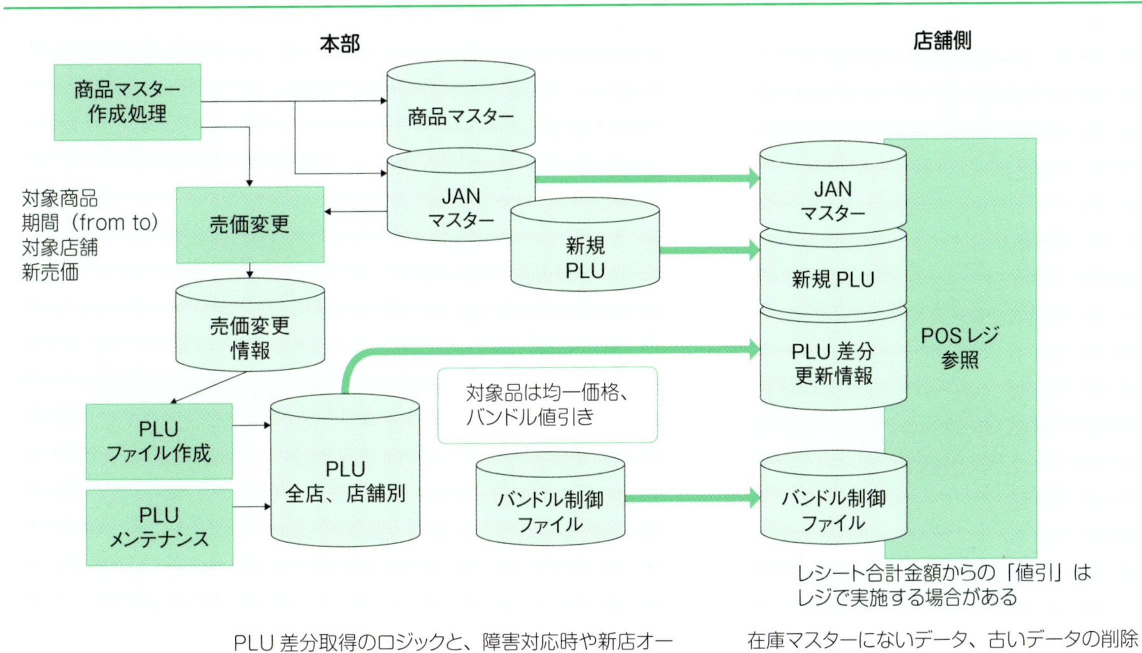

第7章

計画と予算

▶予算という言葉の意味

まず、予算について言葉の意味を確認したいと思います。
「予算とは、予算期間における企業の各業務分野の具体的な計画を貨幣的に表示し、これを総合編成したものをいい、予算期間における企業の利益目標を指示し、各業務分野の諸活動を調整し、企業全般にわたる総合的管理の要具となるものである」と、1962年に当時の大蔵省の企業会計審議会から公表された原価計算基準で規定しています。

わかりやすくとらえると、「企業の会計年度1年間における業務活動の計画を計数化して、総合的に編成したもの」ということで、計画を計数化したものと言われています。

予算編成の前段プロセスとして、会社としてのビジョン・経営理念のもと、具体的な経営目標、それを実現する経営戦略、具体的な施策にブレークダウンされた中期経営計画があります。その中期計画の直近1会計年度の計画が短期経営計画であり、このスパンで計画を数値化したものが予算です。

予算はこの短期経営計画の目標値（具体的な利益額や売上高の数値目標、KPI）を実現するために展開する事業領域で、いつまでにどの分野で、利益額や売上高をどのような商品群から、どういう販売チャネルで、また、人件費やその他販売経費をどの程度かけて達成するかということを、目標設定された数値に対して進捗管理ができるレベルにさらに落とし込んだものです。

▶計画の編成

「販売予算」は理屈上、「需要予測」があり、「販売予測」から

「販売目標」が決定され、その実現のために「方針」や「前年実績」を参考にして、現場からの積み上げとトップからのギャップ改善指針間で整合性をとり、進捗管理が可能なレベルで設定したものです。

定番品、ベーシックアイテムを大量に製造販売する業態では、生産キャパの確保や原材料を長期的、安定的に、しかもスケールメリットを出してコストを安価に抑えて調達するため、予算編成の前段もしくは並行して「販売計画」と「商品計画」を編成します。予算編成と「販売計画（店舗別を含めた）」「商品計画」は密接に連携しています。

「〜計画」はカレンダーの年月（会計年度）の括り方がありますが、シーズンという括り方もあります。シーズンスタートにあたって、前年からの繰越在庫、当シーズンの新規仕入、プロパー、セール、アウトレットでの販売構成、シーズン末在庫の計画を保持します。「〜計画」は現在の動向を反映させながら、来シーズンの調達を考慮すると、向こう1年間プラスアルファ月数での計画を保持することが望ましいように思えます。「計画」の立案では会社決算期単位を超えて、仕入（商品計画）と販売（店舗販売）及び、在庫計画を持っていることと考えます。予算編成は、これらの計画から会計年度で切り出して検討することになります。

しかしながら、このような形で計画立案があって予算編成ができる中堅、中小企業はあまりないと思われます。

そもそも、言葉の定義にこだわるよりも慣用的に「売上予算」、「商品計画」、「仕入計画」、「仕入予算」、「在庫計画」のように用いられているように感じます。「予算」というと金額レベルで、店舗や組織、部門レベル、ブランドでの売上高、仕入額、粗利益管理が目的として設定されるようです。「計画」というとシーズンやカテゴリー単位の商品構成や点数を含めた管理指標に用いる場合が多いように感じています。

ファッションでの需要予測は難しい（ヒット商品は、あっという間に立ち上がって爆発的に売れ、そもそもヒットするかしないかは店舗に出してみないとわからない。デザインや素材やカラーなど多品種となるため計画立案しにくい）ので需要予測ができる企業は、ベーシック商材やメンズ重衣料等に限られると思われます。つまり大部分の企業は需要の予測がつかみにくい状況で予算を立てることになります。

「販売予測」は経済成長率、景気指標などから全体的な個人需要の伸びを見ながら考えます。ここ数年、ファッション小売市場は９兆円程度で成長は低迷しており、「販売予測」という視点では、総需要が伸びない中でゼロサム的に自社の前年販売状況を見て、今期どの程度売上高が伸ばせるかを店舗営業責任者、ブランド責任者、事業部門責任者から提示してもらい、それの根拠を冷静に勘案して、検討していくことになります（図表7-1参照）。

アパレル会社の決算期に２月、８月が多いのはシーズンの切れ目と会計年度の切れ目を合わせて、できる限り計画編成と予算が同期したサイクルにするためと理解しています。

参考までに、計画編成についてもう少し細かく説明します。

計画のパラメータは、時系列では年、月、週、シーズン。商品軸では大分類（メンズ、レディース、ユニセックス、子供、雑貨など）、ブランド、カテゴリー（トップス、ボトム……）、アイテム（スカート、パンツ、レギンス……）、素材。店舗軸では店タイプ（複合店、ブランド単店など）、ブロック、エリア、個別店舗等です。さらに店舗フェースを意識したブランド、カテゴリー・アイテム、品番、カラーの展開マップも重要な構成要素です。「販売計画」では、既存店、新店、店舗改廃を考慮します。

図表7-1　計画から予算編成

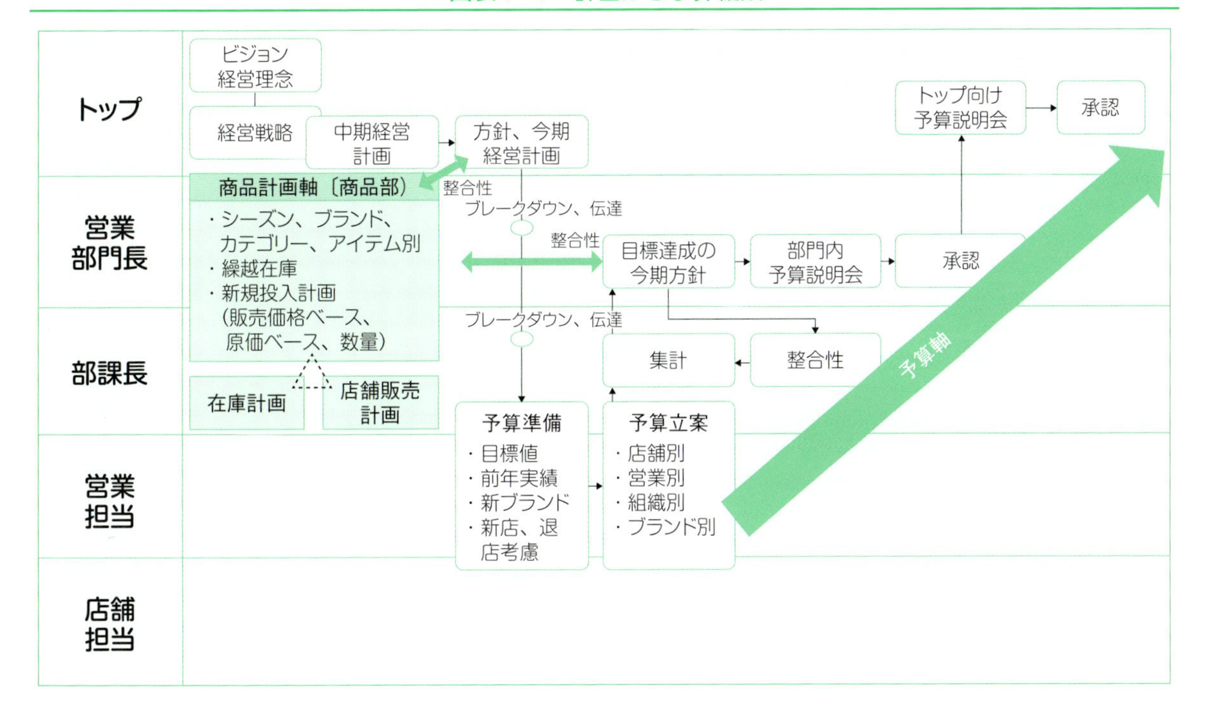

計画項目は販売金額（販売価格ベース及びメーカー卸系の場合は、それに加えて納品下代ベース）、プロパー、セール、アウトレット別、原価額、原価率（値入率）、粗利益率、投入品番数（型数）、数量で検討をします。販売金額を算定するためには、根拠となる店舗別販売計画と並行して立案作業が進んでいることが必要です。「店舗販売計画」では、既存店については前年実績、予実対比の数値を見ながら店舗立地、店舗特性を勘案して検討します。客単価を見て低迷している店舗は客数が落ちている場合が多いので、競合店状況や店舗への客動線状況を見て、店舗改修等も考慮します。これに新店の計画値を加味します。

また、「販売計画」の骨子立案と並行して、「商品計画」を立案していきます。時系列（月、週、シーズン）で大分類、ブランド、カテゴリー、アイテム、素材を軸にした計画編成をし、シーズン単位の商品計画から、月別にブレークダウンをします。そして繰越在庫、期間仕入、期間販売、次の期間への繰越在庫について、金額及び数量で立案します。52週MDを行っている企業は週別に立案します。商品計画から発注計画（生産計画）、在庫計画が立案されます。

発注計画は、新規調達するもので、店舗へ投入する週を基準に金額、数量レベルでの計画をし、実際の発注は生産リードタイムを見越しての発注をしていきます。

▶予算について

前述したように、予算とは計画を会計年度で括って、進捗管理をしやすくした数値目標です。

目標設定からプラスアルファの増加目標を設定させる場合が

よくあるので、経営予算、事業予算、担当者予算など整合性をとりつつ、個別に進捗管理する必要があります。

クライアントの事情はさまざまですので、予算のシステム化については、十分にヒアリングする必要があります。

第8章

ファッション
小売業態型の
適用業務

▶マーチャンダイジングプロセス

小売業形態は「仕入して販売する」という業務の流れの連鎖なので、製造アパレル形態で示した適用業務配置をマップとして把握するよりも、業務プロセスの流れ（サイクル）で考えたほうがわかりやすいです。

図表8-1にあるようなマーチャンダイジングプロセスで回します。バイヤーが商品全体の品揃え構成を立案し、品揃えの深さと幅を計画し、商品を買付します。バイヤーがMDの役割を兼務していることがほとんどです。バイヤーの役割はとても重要です。市場のトレンドを把握し、自社店舗の顧客特性や強み及び販売や在庫状況の分析を行い、買付する商品を、どのタイミングでどの店舗へ導入するか検討します。仕入先やメーカーとの折衝もバイヤーが行います。DB（ディストリビューター）は、バイヤーが買付した商品を店舗に具体的に導入していきます。店舗販売計画を横目で見ながら販売する商品が行き渡っているか、欠品しそうな商品、残りそうな商品を発見して移動したり売価変更をして対策を練ります。

▶小売型業態の特徴

買付していく商品の商品マスター登録をして、発注、仕入、店舗配分、店舗投入、販売というプロセスを踏みます。

商品特性でいくつかの特徴があります。例えば、シーズン性の高いスキー板や、これに関連する輸入品の用具・用品はシーズン前に買付して、物流センターに保管します。これらはメーカー返品が基本的にできない商品です。シーズン立ち上がり時に店舗へ初回投入し、陳列して販売します。シーズンオフの前

図表8–1　マーチャンダイジングプロセス

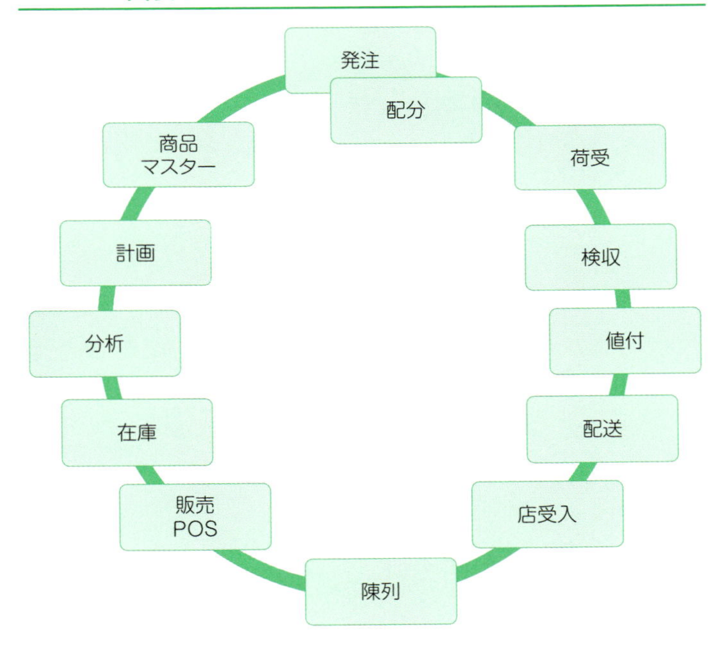

段階で値引きし、在庫を残さないように販売していきます。

メーカーや仕入先から提案を受けた商品でも、基本は買取取引です。前述した用具・用品と違い、シーズン途中でも多少は追加発注できるなど、引取タイミングに柔軟性があるようです。返品条件付買取品や委託品については、メーカーと商談を持って、追加投入や販売動向からのマークダウン率の検討、販促協賛の打ち合わせをします。他章で述べていることは割愛し、細かい点になるものの、ほかに次のような業務上の特徴があります。

・売上予算と仕入予算について

店舗別・部門別売上予算を積み上げた全体の売上予算に対して、部門別（大分類、カテゴリーやブランドなどの売上高や収益管理単位）で仕入予算が編成され、売上動向と連動した仕入状況となるように発注をコントロールします。

・値札、インストアコードについて

商品識別のため、メーカーブランドタグ（メーカーJAN等のバーコード印字）の利用に加えて、自社部門コードやインストアコード（バーコード）タグを準備したり、売価を印字した独自の下げ札を付けたりします。

・発注業務

商品部からの納品場所を指定した発注もあります。指定品番などは各店舗から直接発注されることもあり、また、自動補充発注など、発注業務は多様化しています。発注は店舗配分数紐付きが基本です。

・納品場所

納品方法にもいくつかあり、店舗別に仕分けして店舗へ直接納品する場合、店舗別に仕分けをした梱包でセンター納品する場合、それに加えてセンター一括納品があります。

・売価変更業務

店舗別売価変更、及び全店売価変更ができることが必要です。

・移動

停滞しつつある商品、滞留品などの販売促進のため店間移動します。売価変更業務と並行して重要な業務となります。

・仕入形態
　買取だけでなく返品条件付の仕入形態もあります。

　以下、特徴的な業務面を記載します。

▶小売型業務説明

●計画

　第7章でも説明しましたが、店舗軸、商品軸として部門（大分類、ブランド、カテゴリー）、時系列として年、月、MD週、日で予算を立案します。
　大分類またはブランド別、月別に売上高、粗利益、在庫高、売価変更、予実管理ができることが、事業管理上必須と考えます。粗利益については粗利益率を加えます。在庫高については売価ベース、原価ベース、他に値入率などの予算立案をします。
　予算の例として、「店舗別、日別の売上予算」、「店舗別に月、MD週別、部門別予算」、「部門、月、MD週別の予算」の編成を考えます。仕入高や在庫高については、週レベルや「部門」もカテゴリーレベルまでが多いようです。

●商品マスター

　導入商品のマスター登録をします。大分類、ブランド、カテゴリー、品名、販売価格、原価、値入率、JANコード、インストアコード、導入日、仕入先、仕入形態などです。新規商品投入管理、商品展開予定、週別商品投入予定の元情報となります。

●発注

本部発注分であれば、店舗振分数を伴って発注し、納品場所（店直納かセンター納品）やアソートの指示をします。

また、小売業態により、特定の商品は店舗に発注を任せていることがあります。人手による補充発注抽出と発注に加えて、発注業務の簡素化、スピードアップのための自動補充発注処理もよくあります。メーカーや仕入先間とは、各種データ伝送処理が進んでいます。

●配分

初回導入分は本部DBにより店舗別に振分作業が行われます。予算や売上実績、店舗ランク等より店舗別に振分します。ある程度の規模になると、手作業では限界があるので、システムで業務サポートすることが多いです。

フォロー投入での配分についても、一定のロジックを伴った配分作業が行われます。

●分析

バイイング業務支援面では、「カテゴリー、アイテム、素材、設定価格帯別の分析」、「カテゴリー、アイテム、素材、プロパー消化率分析」、「同　売上構成、数量ベースのベスト、ワースト分析」、「単品別のプロパーベスト分析」、「在庫日数から期間オーバー、ショート商品分析」、「貢献利益分析」などを行います。前期良かったからといって、同じ企画の継続はほとんどなく、データからの企画反映は難しいので、シーズン進行中に売れ筋ゾーンを見極め、商品構成変更をしていきます。

ブランド、カテゴリーのレベルでは、収益性のある商品群かどうかを商品回転率×粗利益率である交差比率で見ることも重要な要素です。店舗では、売上高、在庫高、粗利益、販売費、人件費を含めた収益の効率性を見ていくために、店舗別収益管理レポートがあります。

●仕入計画とオープン・トゥ・バイ（OTB）管理

仕入計画立案では、ブランド、カテゴリー、アイテム、素材などから新規仕入商品構成及び仕入高予算、原価率を予算化します。オープン・トゥ・バイ管理として、仕入枠シミュレーション、仕入枠管理を行い過剰仕入にならないように仕入をコントロールします。

●小売本部の業務系

すでに記載した計画立案、商品マスター登録、商品発注（本部発注、補充発注、店舗発注）、店舗配分、売価変更などに加えて、値引、商品振替（複数品番をまとめて代表品番にするなど）、メーカー返品、納期管理・入荷処理、用度品・備品管理、ピッキング・出荷処理、店外催事商品管理、返品処理、棚卸管理、店舗運営管理（店舗別の定休日、FA・アルバイト登録、使用可能クレジットカード・金券登録）、ハウスカード発行や友の会等の会員カード発行管理、取引関連（仕入買掛、印紙税、クレジットカード等手数料など）、在庫評価（売価還元評価、個別原価）などの運営業務があります。

●顧客管理

顧客管理では、顧客情報管理に加えて購買履歴分析、客層別購買分析、顧客ランク、顧客別DM、セール勧誘などの個別アプローチまでの運営管理業務があります。

ポイントについては、ポイント付与とポイント利用で、店舗間利用もできるようにし、ポイントを何倍付与するかといった販促との連携についても、十分な効果分析が必要となります。

自社ポイントだけでなく共通ポイントの活用が増えたり、ECサイトとの共通ポイントや、クーポンの共通利用など、お客様に便利なこと＝仕組みは複雑となっていくので、システム導入運用面では、十分な習熟が必要となり、外部リソースの効率的な利用も視野においておくことが必要です。

MD 活動

▶商品軸と顧客軸

MD活動は、商品軸と顧客軸の両面から考えていくことが必要と言われています。商品軸といっても買っていただくのはお客様なので、常に「顧客」を意識した活動であることは言うまでもありません。

「ブランド」にはコンセプトがあり、どのような年齢層でどのような行動、価値志向のある方々をターゲットにし、その価値観と行動を想定してテーマやシーンをイメージして商品が創り出されていきます。

店舗、ECサイトに展開している商品が、①想定しているターゲットのお客様ゾーンに売れているのか、②どのようなコーディネートがうけているのか、③店舗とECサイトでの販売動向の偏りはどうか、など必要な情報は山積です。

①は、デザイン、テイスト感、価格、商品企画そのものがマッチしているか、軌道修正すべきか確認するため。②は、新規品の投入、今の在庫状況を加味して、全体の売上を上げる（消化率を上げる）ために、発注・配分バランスやフェースの見せ方はどうすべきか検討するため。③は、店舗とECサイト（自社ECサイト＋ECモール分）の商品投入バランスはどうか確認するためです。MD活動は、以上のような面などから、計画に対して掘り下げた状況確認、検証する目的があると考えます。

商品軸の根幹であるPOSを含めた店舗販売情報からのアクションは、商品企画の変更、発注から配分の制御、売上と在庫状況確認、移動やマークダウンなどの意思決定を進めていきます。また、発注計画に対して、どのカテゴリーが売れているか、逆に支持を受けていないカテゴリーはどうか、などを勘案して発注段階で展開する商品構成や数量を変更したり、カテゴリーやアイテム別の発注計画も微妙に修正します。売上を確保し、在庫過多にならないように発注バランスを検討します。

品番SKUの切り口だけの販売動向把握は比較的シンプルで、システム整備しやすい業務領域です。

一方で顧客軸で考えると、ターゲットゾーンに売れているかを把握するためには、一般的には店舗で販売スタッフが記入する当日の売上日報のコメント欄を使います。どの商品をどんな方が手にしたか、購入したか、お客様がどういうコメントをしたか、一日を振り返って一生懸命作成されたレポートが情報源となり、本部での検討会の参考にされます。また、バイヤー、ブランドマネジャー、企画MD、デザイナーが店舗を回って最新の生の店舗情報を収集しています。これらの役割を持った方々の現場感覚が顧客軸からの重要な視点になります。そして、商品軸からの情報を合わせて、ターゲットとする顧客ゾーンへの商品企画、発注・配分・投入、店舗フェース反映などの活動をしていきます。さらに顧客軸で冷静に分析しようとすると、データの裏づけが必要です。一方でデータ化しようとすると顧客情報と絡める必要があります。顧客の属性情報（年齢、職業、趣味など）を把握することが必要です。そのためには顧客情報登録の仕組みと、レジで顧客カードをスキャンして、顧客IDと購買情報をセットで登録できる仕組みが不可欠となります。

お客様が個人情報を登録するのは、ブランドのロイヤルティが高く、何らかのサービスメリットが得られる、ということがあってのことだと考えます。秘密が守れる（ロイヤルティが希薄な場合は、見ず知らずの人に紙に書いて渡したくない）、登録に手間がかからない、何らかの特典が得られる、この三拍子が揃ってようやく開示していただけると考えます。つまり、一般的にはリアル店舗ではハードルが高い業務になります。

ハードルが高いということは、コストが掛かるということです。それでも顧客情報を確保することで、商品企画やサービス向上につなげ、安定した顧客基盤を作りあげてリピート客を増やしていくという効果を狙います。

顧客登録の一例ですが、店舗でQRコード付きの会員カードを渡して、お客様自身にそのQRコードを読み込んで情報登録専用サイトにアクセスしてもらい、会員情報を登録してもらうような方法を見受けます。これであれば、店舗側でお客様情報を登録、管理する手間が削減でき、いわゆる個人情報管理面からの安全性が維持できます。

ECサイトの販売が拡大している状況で、ECサイト側の顧客情報と店舗の顧客情報を一元管理することで、共通ポイントやクーポン、ECサイト＋店舗の統合された購入回数、金額に対応した会員管理など、いろいろなサービスが提供でき、お客様にとってより歓迎されるものになっていけるような活動が検討されています。

顧客情報登録の細部の説明になってしまいましたが、顧客軸からの分析を深めようとするとお客様情報は不可欠で、顧客情報を踏まえたMD活動については、あとの売上分析の項で若干ですが、記述しています。

顧客軸での活動は、以上に述べたようなことを含めて、直営店、ECサイト、百貨店委託、アウトレットなどのさまざまな販売形態や流通チャネルで、実際に購入されるお客様の視点に立って、購買行動、商品選択、さらには便利さを追求し、どうすればファンになっていただけるかを探りながら投下コストを精査しつつ、活動を進めていくものと考えます。

▶商品導入からの日々の意思決定

第1章の「課題」で触れたように、アパレル企業では、①商品企画ヒット率向上（プロパー消化率アップ）、②滞留在庫の削減、③販売チャネルの効率的な運営、④商品原価の低減、⑤販売管理費の削減などの課題を抱えています。MD（マーチャンダイジング）すなわち、これらの課題を日々のオペレーションで克服していく活動が絶え間なく実行されています。ここでは、その中から主に②滞留在庫削減のテーマとプロパー消化率アップの分野における意思決定について記述します。

商品企画から店舗展開・販売までについて、商品の発注、初回投入、販売立ち上がり状況の把握、フォロー投入、追加発注、移動、マークダウン、企画フィードバックなどの意思決定業務を進めています（図表9-1参照）。

週のサイクルでは、リアル店舗では土・日に販売が集中する傾向があります。本部の商品コントローラー（マーチャンダイザー、バイヤー、ディストリビューターなど）は、土・日に店舗の売上が（理想的には金曜の午後には店舗フェース、在庫量を最適の状態にする）上がるように、月曜日に前週（月～日曜）の店舗別の売上を検証し、火・水に配分・出荷し、木・金（午前）までに商品が店舗に到着する週次MD業務が多いようです。店舗に追加補充が必要な場合は月～土でも出荷を行います。週次の仕入・配分・出荷の流れが分断しないように、本部と物流センター間で緊密な連携が求められます。高い在庫回転率ブランドや小売型SPAで速いサイクルでの商品企画・店舗投入を行っている企業では、木曜日に国内通関をさせ金曜日に国内物流センターから各店舗へ出荷させる運営をしている企業もあります。

図表9-1　商品導入後

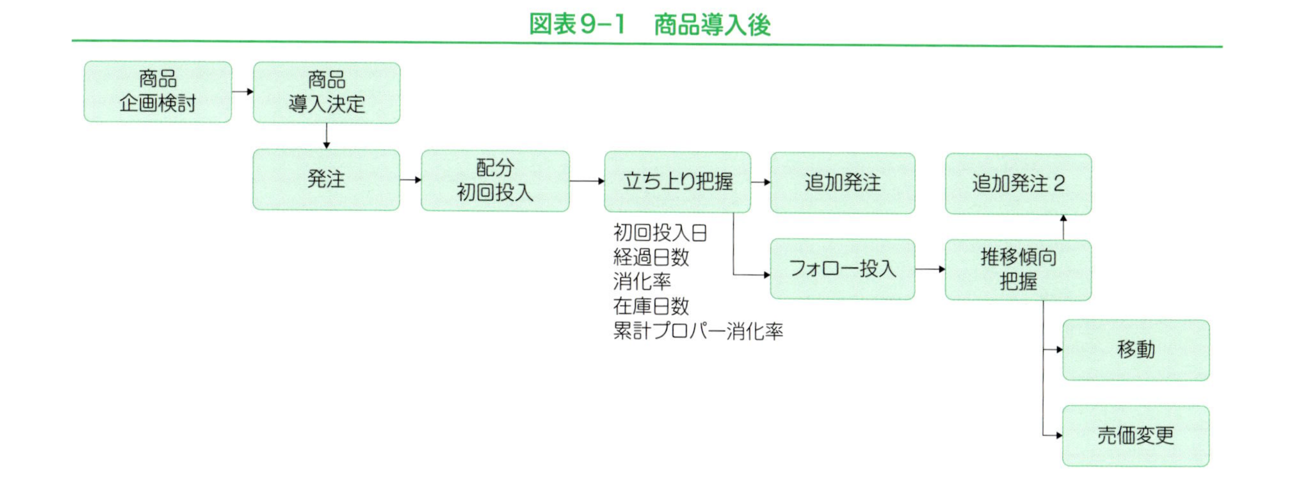
商品
企画検討
商品
導入決定
発注
配分
初回投入
立ち上り把握
初回投入日
経過日数
消化率
在庫日数
累計プロパー消化率
追加発注
フォロー投入
追加発注 2
推移傾向
把握
移動
売価変更

▶品番別動向と意思決定アクションモデル例

プロパー消化率の向上、滞留在庫の削減では、品番別動向分析である投入商品の販売推移を追跡していく業務が不可欠です。投入から販売までの情報把握を品番単位で押さえ、在庫日数、初回投入日から累計消化率、期間販売点数の動向、期間消化率の増減推移から販売立ち上がり動向、売れ筋、滞留状況を把握します。消化率アップのためマークダウンや移動判断、さらにマークダウン後の値下げによる利益インパクトのシミュレーションなどを行います。

売れ筋の理由分析も重要で、素材がヒットしているのか、デザインなのか、価格帯なのか、TVやタレントの取り上げによるものかなど、販売状況の迅速な把握からヒット品の理由を分析して、週次での企画変更、生産や調達手配をダイナミックに修正していかねばなりません。自信を持って企画調達した商品が、店舗で販売不振となっている場合は、投入時期の季節感とアンマッチなのか、企画や提案コーディネートが不発なのか、価格の問題なのか、週次の会議で検討されますが、他社売場でヒットしている商品情報も把握しながら、週末の展示に向けたコーディネートの組み換えや、価格変更の検討をします。

商品動向は、オフィスの中にいただけではつかめません。店舗を回り自らの目でフェースの状況、お客様が手に取る商品を見て、FAの声を聞いて、販売動向を体感して、その上でデータを見るということにしないと、生きたデータ活用ができません。

品番別の動向分析モデル例としての流れの概要を図表9-2で説明します。この図は図表9-1の流れを少しブレークダウンしたものです。品番一覧から消化率等の選択条件で、調べたい商品群を抽出していく流れですが、素材やカテゴリー・アイテム

図表9-2　品番別の動向分析モデル例

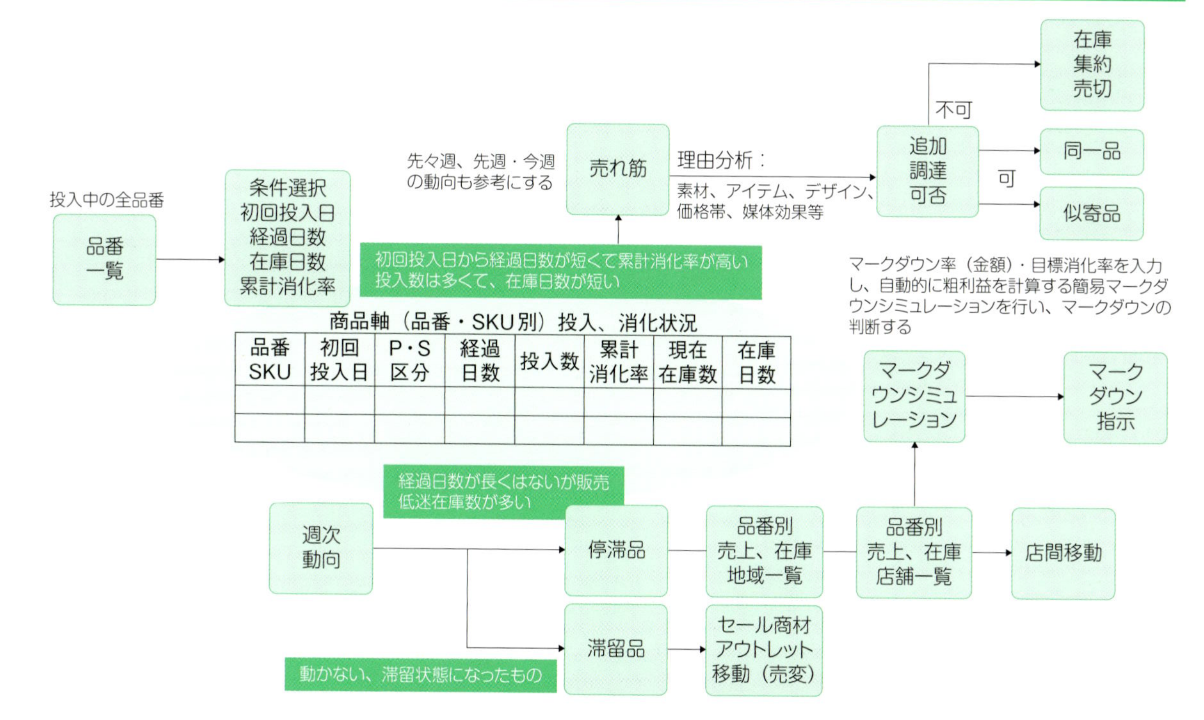

といった商品軸からの選択も掛け合わせて照会できることが求められます。

モデル的に概念図として記載しているので、実際にはデータ量の問題や画面サイズの制約もある中でデータ項目を絞り込んだり、商品画像を入手したりと作業が多く、業務支援システムとしてまとめるには、かなりの工夫が必要な分野です。クライアントの意向をよく聞きとる必要があります。

▶売上分析と対応例

売上分析について、顧客基本情報が揃っているECから考えてみます。ECはお買い上げ品をお届けする工程があり、氏名、住所、電話、メールアドレスは必須で登録してもらっているので、顧客軸を重ねた分析がしやすい環境にあります。

前にも触れましたが、ブランドには、ターゲットとする市場ゾーンがあります。年齢やライフスタイルなどで市場セグメントされています。買上分析の手始めは、購入されている方が、ブランドターゲットと合致しているかの確認です。顧客年齢別に、お客様がどういう分布をしているか確認します。販売年月別に年齢構成の推移を見て、大きなずれ、構成率の変化はないか見ます。ブランド成長にともない、ブランドファンの年齢が相対的に上がっていくこともよくあります。ファン年齢層が上がる対応として、少し違うテイスト感をサブブランドとして展開することもあります。

メイン展開商品や売れ筋を選んで、その商品がどの年齢層でお買い上げいただいているかを見ることで、ブランドとして狙っているゾーンに受け入れられているか、ターゲットのお客様層に合っているかをデータ上からも確認します。

次に、顧客層別分析です。直近の購買日、購入頻度、購入金額から顧客ランクを考えます。頻度が高く購入金額も多い方は優良顧客ランク、購入回数が多いものの前回の買上日から期間が経過しているお客様は、離反の可能性がある顧客と見なします。層別にランクをつけたり、優良顧客の中でさらにランク分けをしたり、その会員ランク別にマーケティングアプローチを変えていきます。一般的にはRFM分析の考え方でセグメンテーションしながら、1回あたりの平均購入金額や決済手段の選択、返品・交換のリクエスト状況、長期不在・受取拒否の発生頻度なども考慮して、会員層分けを行います。お誕生日クーポン、記念日キャンペーン、各種クーポンの利用状況も加味します。

上位の優良顧客には、熱心なブランドファンが多いことから、「あなただけの特典」を用意して、他の会員と違う特別扱いになっていることを意識してもらえるような施策を打ち、引き続き高いロイヤルティを維持していただけるようにします。

定期的にお買物をしていただけるお客様、期間購入金額の高いお客様には、新商品紹介はもちろん、記念日クーポンや各種キャンペーンのご案内でリピートを促す特典情報を発信し続けます。離反が予想される方には、お買物クーポンに加え、最新のブランドやサイト状況、サービス改善の運営変更があれば、積極的に配信します。

売上分析は、お買物時の行動に関して分析することも含めます。ある商品を買った時に一緒に購入した商品は何か（コーディネート提案がヒットしているか、売れ筋と一緒に購入した商品から、商品関連性のヒントを得る）、値下げした時の反応の早い商品は何か（商品と価格設定の検証、単に値下げ待ちか）、サイトの商品画像一覧から選択商品のクリック回数はどうか（人気、手にとる商品動向、実際の購入品動向）などから商品企画、展開の軌道修正の参考にします。

売上分析で、期間販売点数から売れ筋や、あまり反応の良くない商品が浮き彫りになります。また、初回投入日からの消化率の立ち上がり動向で売れ筋がつかめます。投入商品全体が「売れ筋」であれば良いのですが、そうはいきません。売れ筋は欠品していきますので、補充を待つ間は手元在庫で販売を維持していきます。

売れ筋カラーが欠品している場合は、在庫のあるカラーを表に出して新しいコーディネートを組んで、画像を新たにモデル撮影するとか、在庫品で新コーディネートを組んで撮影してアップするとか、サイト側はどんどん新鮮な提案をする必要があります。

このような情報分析からのアクションを積み上げて、サイトに変化を作り出し、サイトへのアクセスが楽しくなり、自分の好みに合ったサービスが選択でき、便利に思ってご利用いただけるような「お店」を作り上げます。

理想的には「個客管理」を目指します。コンシェルジュ的にツーウェイコミュニケーションを目指す方法、お客様のサイズやカラーの好みにマッチした提案（ご案内メール通知）、決済手段の選択、お届け先指定、配送時間指定など前回情報をデフォルトで表示したり、裾上げ等のお直しの受付、受け取り場所の多様化に対応する等、サービス機能を整備していく方法等について、実情を考慮して、少しでもお客様のライフスタイルに合ったサービスを創り出していく工夫をします。ブランドや商品特性、価格ゾーンで対応が比較的可能な分野と、そうでない分野があります。期待される効果とコスト負担の兼ね合いが大きな判断要素になります。

店舗とECサイト側では、微妙な年齢層の違いが出るようです。この対応としてECサイト向けの専用企画商品を投入することがあります。客層の差は両販売チャネルの強みであり弱みでもあります。相互で補完できれば、さらにお客様に気に入っていただけるようになるはずです。

店舗側で顧客情報が整備されると、店舗側とEC側の垣根を越えた顧客サービスの実現に近づきます。世に言うオムニチャネル的な姿です。オムニチャネルの概念が先行するのではなく、お客様ニーズの対応を進めていってできた世界観です。店舗は販売スタッフがいますし、何といっても現物の商品があり、フィッティングルームがあり、お客様との会話で買物のお手伝いができます。EC側の手軽な利便性とクロスしたサービスの世界を切り拓いていくことが検討されています。

第10章

店舗業務

▶店舗管理業務

自社管理レジがある直営路面店を想定します。店舗は売上管理業務、商品管理業務、顧客管理業務、その他店舗運営管理業務があります。

売上管理業務では、レジ販売業務としてつり銭管理、売上登録、入金種別、値引、レシート出力等があります。

商品管理業務では、入荷、売上、返品、移動、取置、棚卸、在庫管理、他店在庫照会、センター在庫照会。顧客管理系では、顧客登録、ポイントカード発行、ポイント付与、ポイント残高管理、購買履歴管理などの業務があります（図表10-1参照）。

レジ導入店舗の大部分は、商品ブランドタグにあるバーコードをスキャンすると、品番、品名、価格が表示されるような仕組み（PLU）を実装しています。売価変更の場合も、PLUファイルが更新されていないと、この不備だけで販売業務は致命的な業務運用のトラブルに繋がってしまいます。その他、セール対応で時間や期間を決めての値引き対象商品の値引き販売の仕組み、より取りで何点以上お買い上げでいくらにするといった仕組み、対象商品限定（ワゴンセール）で○○円均一販売、対象商品のセット販売での値引き（パーセント値引、お買得ズバリ○○円）など、店舗値引きのルールに従って売上管理業務を整備する必要があります。

店舗はお客様が来店して商品を購入する場です。お客様に気持ち良く好感を持っていただくために、店舗運営業務はとても気を遣う業務となります。特にお客様からの質問にスピーディーに答えられることや、レジ業務がスムーズで待ち時間が最短であることは、店舗運営にとって極めて重要なことです。

一般的な店舗システムが導入されている前提ですが、開店前

図表10−1　店舗管理業務の内容

にシステムを立ち上げて、PLUファイルを受信します。これで最新売価が店舗システム側にセットできます。本日の営業日付を確認してコーザルデータ（天気情報など）を登録、続けてつり銭登録をしてお客様来店に備えます。今日の入荷予定などの情報提供があればそれを確認しておきます。

店舗でよくある質問は、展示品以外のサイズ違いやカラー違いの在庫確認です。店舗システムで在庫管理ができていれば、店内にあるか否かのチェックをし、その後バックヤードにも見に行けますが、この情報がないと心細い気持ちで探すことになりかねません。お客様の待ち時間を減らすためにも、何らかのシステムサポートは不可欠な業務です。閉店後は、売上金額集計と売上レポートの集計を比較して差異がないかチェックします。万が一、差異があれば差異報告をして閉店処理をします。

店舗運営管理業務としては、本部からの売れ筋案内や展示コーディネートの変更指示、移動や返品の指示、他店動向など販売に絡む情報が伝達されます。これらの情報はFAXやデータとしてシステム及び、メールや情報共有の仕組みで受信します。

その他、お直し、内金預かり管理、経費精算、出退勤登録、勤怠管理、営業レポート、メール機能などが要求されます。店舗単独のポイントやクーポンだけでなく、ネット販売やスマートフォンからの勧誘来店に備えた業務連携や処理がますます増えていく見込みです。クロスチャネル、オムニチャネルを見据えた投資対効果を十分に検討した準備が必要な時代に突入しています。

店舗で課題となっているのは、お客様との接客対応時間が十分とれているかどうかという問題です。

入荷商品の展示や保管、バックヤードでの商品確認、返送や移動処理の対応、棚卸など、店舗業務は多岐にわたり、販売に当てられる時間を増やすべきという意見が数多く出ています。

今後、増加していくと想定されるのがRFIDの活用です。商品下げ札にICチップとアンテナ形状の部品を埋め込み、商品に付けて、読み取り装置をかざすだけで商品コードや値段の情報などが得られます。

レジ処理時間短縮や、棚卸作業時間短縮、バックヤード在庫と店舗陳列在庫をしっかり区分けして管理することもできるようになり、店舗業務の生産性改善に繋がると期待されています。

第11章

海外生産・第三者検品とSCM

▶海外生産と第三者検品について

日本の繊維製品は、約9割が輸入品と言われています。ピーク時はそのうちの9割が中国生産でしたが、2014年には76.8%が中国生産です（図表11-1参照）。

日本側のアパレル製造業が自ら資本投資して、海外縫製工場を作ることは少なく、海外生産の多くは現地の縫製工場へ委託生産します。現地縫製工場は日本国内の縫製工場と違い、縫製技術面や管理面で課題を抱えています。

委託先工場を決め、初回発注時には、日本人熟練者が縫製指導に出向いて、工場の技術水準の維持や向上を図るのですが、作業員の方々（ミシンをかける人）や管理職の方々は、技術を身につけた直後に転職してしまうケースが多々見受けられ、定着率は決して良くありません。縫製工場では、裁断、縫製、まとめ、仕上（プレス等）、検品という工程を経て製品が作られますが、裁断では裁断師の裁断作業ができあがりの優劣を決めます。次工程の縫製では、裁断した裁ち切り線（仕上線に縫い代を加えた線）に沿って、縫い代の幅を見てミシンをかけるので、裁ち切り線が正確にきれいにカットされていないと、その時点でこの製品は売りものにならないということになります。縫製作業ではミシンに各種アタッチメントを付けて縫い線に沿った縫製ができるような工夫をして、熟練者でなくても品質維持できるようにしているものの、作業者に依存するところが大きく、熟練した作業員の方が揃わないと品質水準が下がり、ちょっとの不注意で縫製不良を生むことになります。また、前回ロットと生地素材が変わったり、縫製アイテムが変わったりすると不良が生じやすい状態になります。作業工程の最後の工場側検品においては、「工場側検品」ということで検品目線があまくなる傾向があります。不良品を日本に持ち込んでしまうと、その直しの問題や納期遅延が生じることから、縫製工場（輸出者）から輸出通関する間に「第三者検品」という工程を入れることが一般的です。

この第三者検品は、国内に入る前に荷主のアパレルメーカーの目線で検品を行って、不良品を日本へ送らないという役割を担っています。

第三者検品工場（以下検品工場）では、アパレルメーカーより、縫製仕様書や縫製工場への縫製仕様上の指示や注意点を入手し、先上げ検品からの注意点を引き継ぎ、いわゆる外観検品（汚れ、シミ・キズ、ほつれなど見た目の不良有無の検品）に加えて、縫製仕様上の検品を行います（図表11-2参照）。

縫製工場の過去の不良率のデータをもとに、抜き取り検品のサンプル量を検討します。抜き取り検品をして不良率が高いと、そのまま縫製工場に返品する場合もあります。抜き取り検品で不良の傾向を把握し、全量検品の検品箇所の作業段取りをします。上がり寸のチェックはこの縫製検品に該当します。

図表11-1　中国・ASEANからの衣類輸入推移

（単位：トン、シェア%）

年度	中国	シェア	ASEAN	シェア	全世界
04	961,966	91.3	49,767	4.7	1,053,263
05	958,275	91.4	51,708	4.9	1,047,944
06	1,001,507	91.6	55,499	5.1	1,093,342
07	978,246	91.7	57,346	5.4	1,067,250
08	961,480	91.1	63,222	6.0	1,054,944
09	936,396	89.8	71,238	6.8	1,042,840
10	902,905	88.3	79,197	7.7	1,022,844
11	927,179	85.5	112,055	10.3	1,084,892
12	885,889	82.8	130,827	12.2	1,069,796
13	886,107	80.3	160,169	14.5	1,103,283
14	804,535	76.8	182,189	17.4	1,048,214

注）14年は速報値、その他は確定値　　出所：財務省貿易統計
出典：繊研新聞　2015年3月13日

図表11-2　検品工場の作業

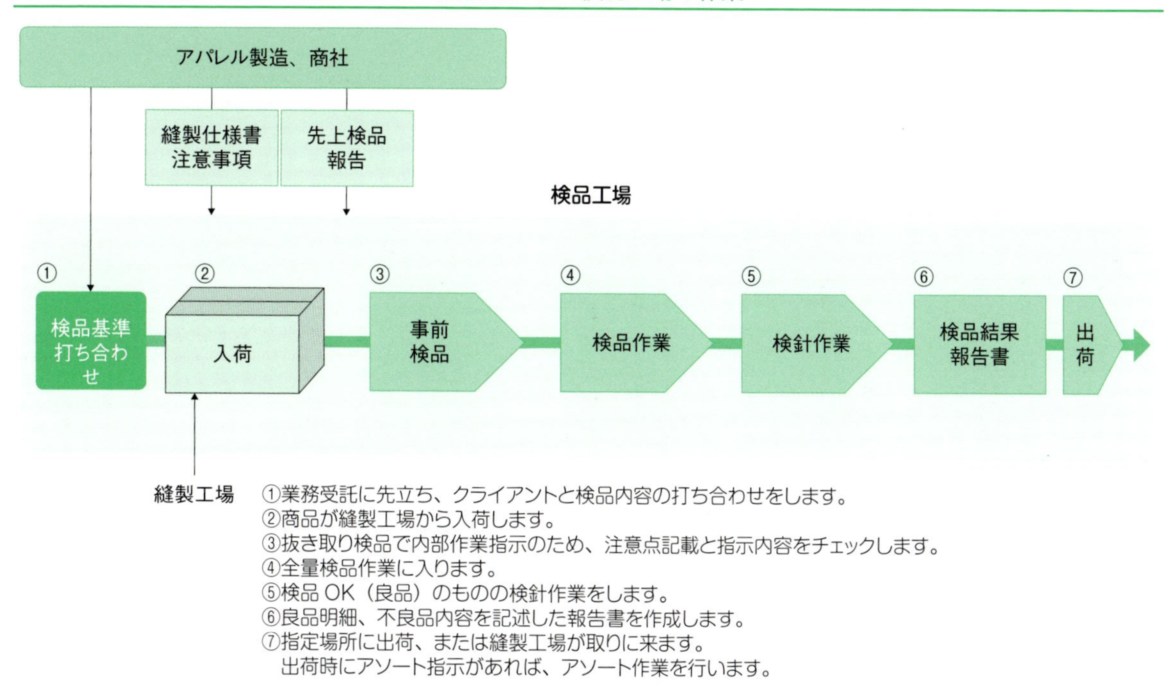

①業務受託に先立ち、クライアントと検品内容の打ち合わせをします。
②商品が縫製工場から入荷します。
③抜き取り検品で内部作業指示のため、注意点記載と指示内容をチェックします。
④全量検品作業に入ります。
⑤検品 OK（良品）のものの検針作業をします。
⑥良品明細、不良品内容を記述した報告書を作成します。
⑦指定場所に出荷、または縫製工場が取りに来ます。
出荷時にアソート指示があれば、アソート作業を行います。

▶SCM

SCM（Supply Chain Management）とは、卸や小売業者、組立・部品・素材各メーカーで商品の需要や在庫状況を共有して、在庫をできるかぎりかかえず、欠品を防ぎ、余分な経費をかけないようにする仕組みです。

需要予測データを交えて販売計画、仕入計画の立案を行っているファッション企業は限定されるので、一般的なアパレルSCMと呼ばれる範囲について記述します。

SCM情報データを一元管理する仕組みを構築して、注文番号（発注ロット番号）に紐付けるように品番コードやSKU情報、発注数量や納期、メーカー情報を登録し、縫製工場や中間に位置する生産委託されたメーカー側から材料着荷日、裁断開始日、工場出荷予定日（出荷日）、検品完了予定日（完了日）、通関日などの日付と検品作業のA品明細を登録してもらい、発注者側で生産状況確認や納期の見通し、出荷明細などの確認に役立てます。

しかしながら生地や資材の工場到着の遅れや、直前での仕様変更、縫製工場の品質の問題などが起こり、登録データの更新が適切になされず、この情報を活かすための課題が多くあります。逆に関連するメーカーや工場が生の情報を登録することができれば、後工程の段取りに大きな利点が生じます。また、迅速に遅れの原因が特定できるので、全体業務品質改善に有効と考えられています（図表11-3、11-4参照）。

中国を含めた海外に自社管理縫製工場があれば、管理レベルが日本国内と同様にできますが、一般的には実際の縫製工場に至るまでは多段階のルートになり、加えて生地や資材のメーカー、タグメーカーとの連携（主に手配確認作業）は、労力がかかる負荷の多い仕事です。システムを導入したからといって、理屈どおりにそのシステムが活用できるものではなく、不断の運用努力が必須であると考えます。

中国から日本への出荷概略フローを参考までに掲載しますが、現在では多少変更になっている可能性があります（図表11-5、図表11-6参照）。

（注）本書ではSCM（Shipping Carton Marking）ラベルという言葉を多用しています。物流面の改善のために用いています。例えば、海外縫製工場や検品工場から出荷したケース梱包ごとにSCMラベルを貼り、ケース梱包商品明細をASNとして日本側へ送り、日本国内で入荷処理を行う際にSCM ラベルをスキャンすることで、ASNデータとSCMラベル番号を照合して、一致すればケース単位で入荷計上する方法です。海外生産検品拠点、国内物流センターの業務に携わった経験から、サプライ・チェーン・マネジメントの改革実現の構成要素の一つと考えています。

図表11-3　アパレル業界のSCMの仕組み

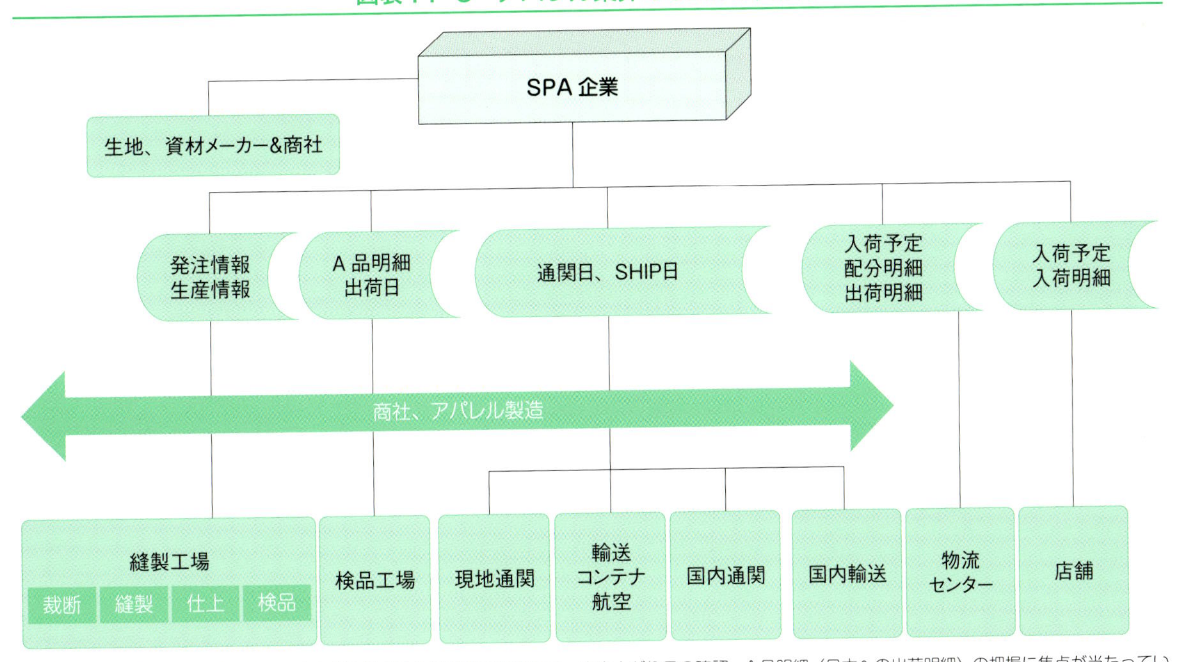

アパレル業界においてSCMとは、ほとんどの場合は生産進捗の情報共有、生産上がり日の確認、A品明細（日本への出荷明細）の把握に焦点が当たっています。この情報すらタイムリーに入手することは容易ではない状況があります。
海外工場でのアソート対応は、ケース梱包単位で指定のカラー、サイズ明細で箱詰めする場合の他、ほんの一部で店舗別アソートも行っています。

図表11−4　海外縫製工場とのデータ連携モデル

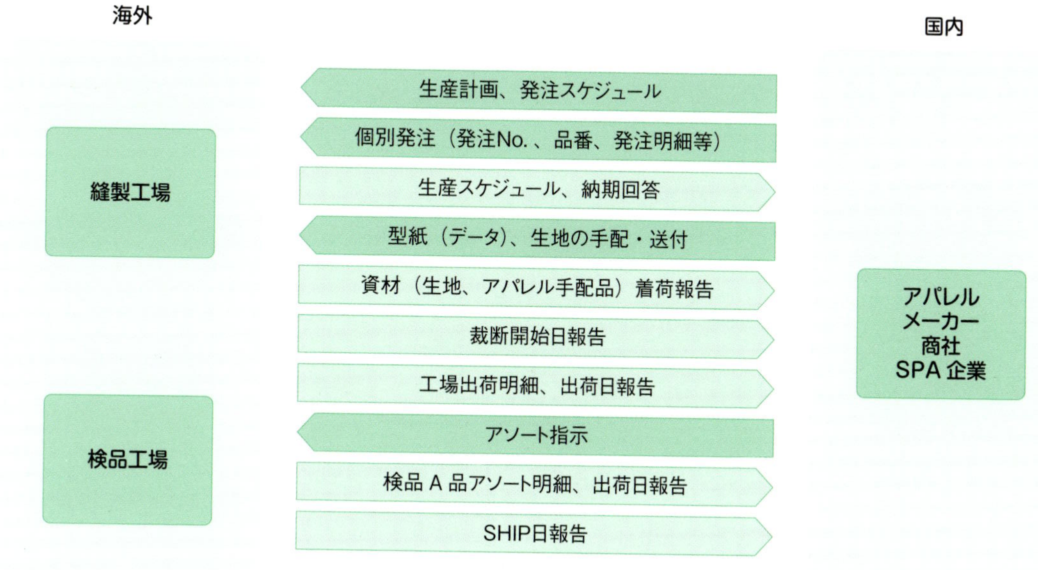

海外

国内

縫製工場

検品工場

アパレル
メーカー
商社
SPA 企業

生産計画、発注スケジュール

個別発注（発注No.、品番、発注明細等）

生産スケジュール、納期回答

型紙（データ）、生地の手配・送付

資材（生地、アパレル手配品）着荷報告

裁断開始日報告

工場出荷明細、出荷日報告

アソート指示

検品 A 品アソート明細、出荷日報告

SHIP日報告

図表11−5　海外への生産発注から国内着荷までの概略図（1）

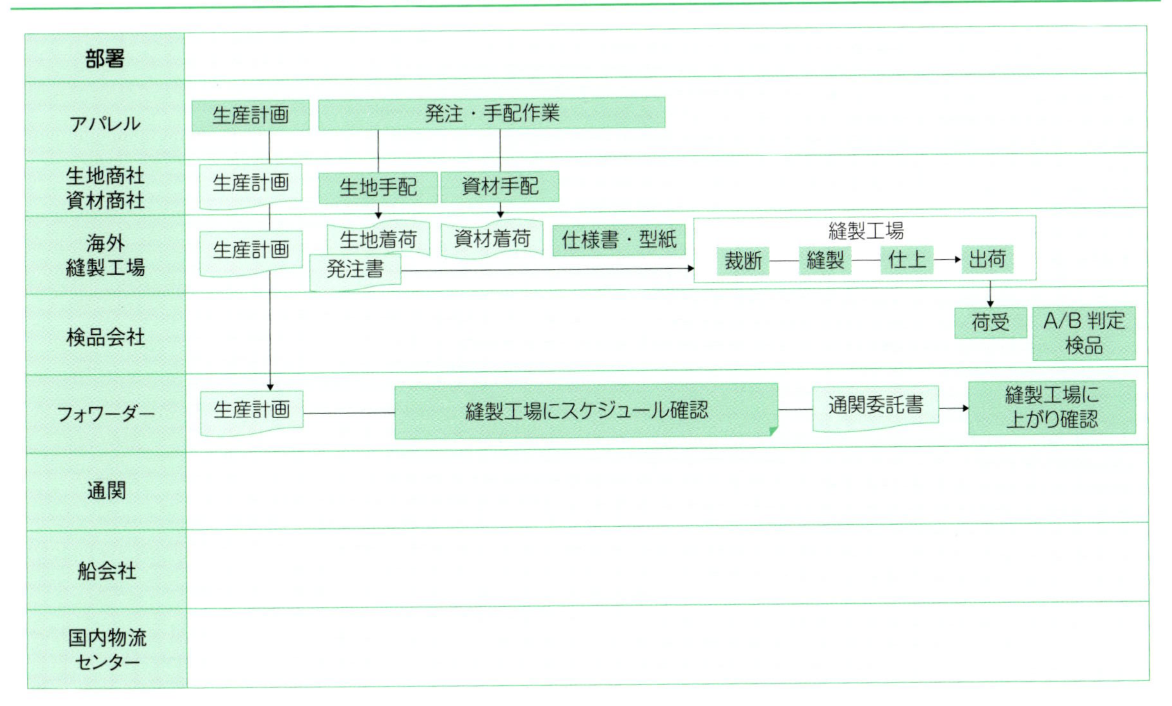

図表11-6　海外への生産発注から国内着荷までの概略図（2）

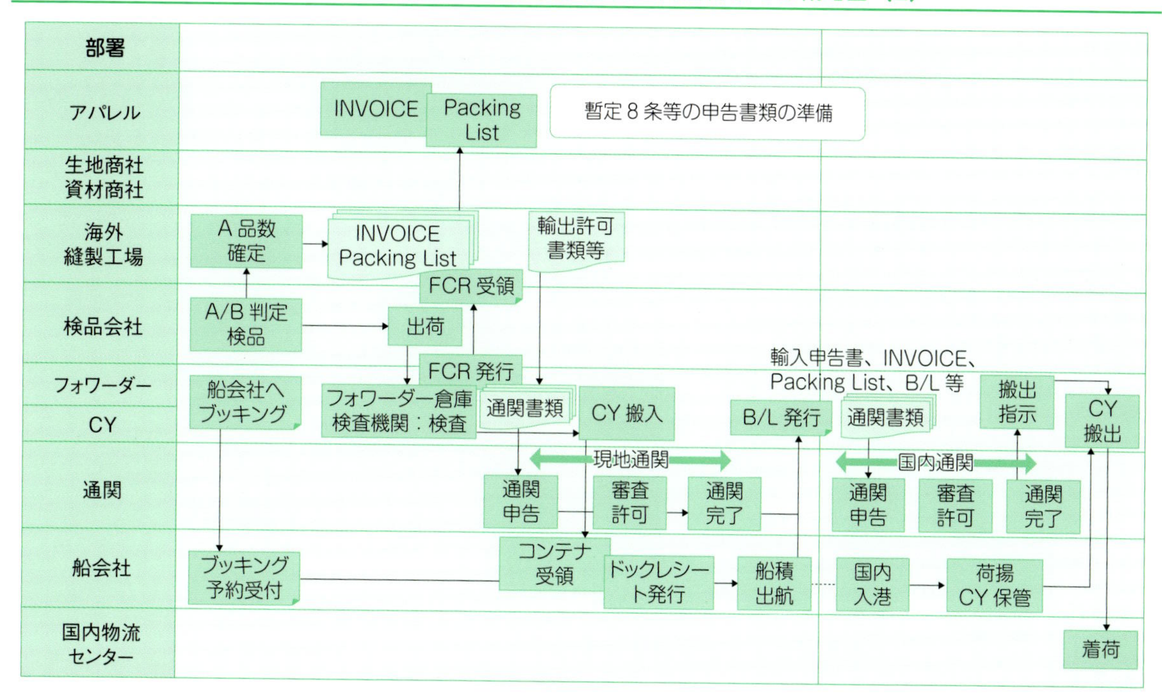

第12章

物流センター

▶一般的な物流センターのイメージ

物流分野について簡単に触れます。販売管理に携わるSEの方々からは、物流センター業務は見えにくく、具体的にどのような業務が行われているか、わからない点が多いのではないかと考えます。

一般的に「物流」で連想することは、大きな物流倉庫があって、高い天井（“高さ”という意味で「タッパ」という言葉をよく使います）の倉庫内で、パッキンケースが積み上がって保管・格納されており、フォークリフトで運搬されているようなイメージでしょうか。

木村徹著『いますぐ現場で役立つ物流実務のノウハウ』（秀和システム、2012年）では「倉庫の業務は一般的には保管が主体であり、どちらかというと少品種大ロット貨物の保管に使われることが多く、パレットのまま、もしくはダンボール箱のままで入出荷される」と説明されています。

工場で生産された商品は、運搬や保管に便利な単位で、段ボール箱に梱包されています。この段ボール箱単位で入出荷され、保管するのであればパレットに載せて移動させたり、積み上げたりするので、フォークリフトで運搬します。流通工程上流の工場で生産された製品の保管や、メーカー倉庫から商社倉庫へ移動する場合は、概ねこのような庫内イメージです。

これに対して物流センターは、上記の本ではこう説明されます。「物流センターの業務は作業が主体であり、パレットやダンボール箱での保管の他に、バラ商品の保管、流通加工等の作業やバラ出荷という細かな作業があるため、在庫管理や作業内容が煩雑です」

『ビジュアル図解　物流センターのしくみ』では、物流センターの業務は「物流機能は保管、荷役、流通加工、包装、輸送といわれています」と説明され、『作業系の業務としては「入荷」「保管（格納）」「ピッキング」「流通加工」「検品」「包装」「仕分け」「出荷」が挙げられます』と説明されています。

流通工程の下流である小売店舗へ出荷する場合は、段ボール箱を開梱して、店舗別に振り分ける作業が発生します。ドラッグストアやコンビニエンスストアへ配送する庫内物流も、SKU単位で指定の数量をピッキングして、オリコンやカゴ台車へ積み込む作業も行っています。

同書で入荷から出荷までの業務フローは、こう解説されます。「入荷された商品は、検品を終えるとフォークリフトなどで搬送し、ラックに保管します。出荷オーダーが掛かると在庫を引き当てし、保管されている商品からピッキング作業を行ない、検品業務も同時に行ないます。必要に応じて流通加工や梱包業務を行なった後、納品先別に仕分けします。最後にトラックに積む順番に出荷エリアに荷物を搬送させ、完了となります」

本書では引用箇所以外は、「保管」は入出荷で一時的に棚等に納めることで使い、「格納」はシーズン販売時期までの保管や、持ち越し在庫として次の販売時期まで出入りがない商品をしまう場合に使うことにします。

▶アパレル物流

アパレル商材は、前述の「倉庫」で取り扱う物流と違い、「物流センター」で取り扱う典型的な商材です。

理由は、シーズン性があり、多くの商品は生産されたらすぐに店頭に並ぶようなスピード感のある物流で、生産から店舗までの間に中間流通は極めて少なく、小売店舗向けに仕分けされて出荷する物流形態に対応することが必要だからです。

ベーシック商材を大量に扱う場合は、年間生産計画に沿って、商品は海外縫製工場からコンテナで物流センターに到着します。入荷時点では、その商品のすべてを、店舗に配分出荷する需要がまだないことがあり、センター内の保管場所にケース単位で格納します。布帛物はハンガーで格納します。

それ以外の商材は、店舗販売時期に合わせて生産されることが多く、物流センターに入荷後、直ちに初回分を店舗に投入する物流運用となります。

物流センター業務のスピードアップと効率化のために、入荷段ボール箱のまま出荷できるように、海外縫製工場や検品工場で事前に段取りをして、内容明細をつけて箱のままで店舗出荷することもあります。しかしながら、まだこのような物流は少なく、多くは商品ごとにSKU個別ピッキング作業で、1点ずつ店舗別振分（仕分け）を行います。店舗振分作業は人手で行う場合とソーターを使って行う場合があります。ソーターに投入する作業は人手です。また、ソーターにかけられて、店舗別に振り分けられた商品の梱包も、人手を使った作業です。柔らかく形状がマチマチな商材特性があり、機械による完全自動化に乗せにくい物流になっています。

アパレルでは布帛物を中心に、プレス仕上げをした商品はハンガーで納品されるので、ハンガー物商品の運搬や保管のため、パイプ形状の搬送や保管レーンを庫内に設置することがあります。ニット物は、たたんで袋に入れた状態で納品されます。靴や鞄は個別の箱に入っていることが多いです。扱い商材によって保管形態が変わり、物流運営に最適な物流センターのタイプが変わります。店舗向け物流やハンガー物が多い場合は、人手によるピッキングがあるので、あまりタッパが高い物流センターだと、上部空間が無駄使いになる場合があります(図表12-1参照)。

図表12-1　物流センターの概略図（ソーター設備がない例）

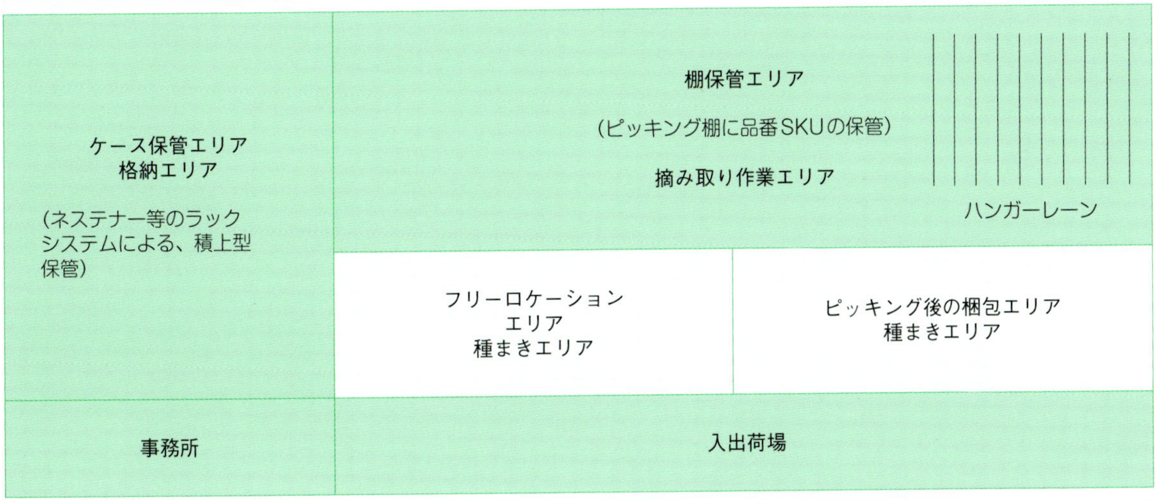

物流センター内のレイアウトはセンターによりかなり違います。上記はケース（パッキン）保管と棚保管の併用型の例です。繰越品や入荷品で、まだ出荷納期に余裕のあるものは入荷荷姿のままケースで格納します。アウター類でハンガー形状の保管が必要なものはハンガーレーンで保管します。
現在動いている商品は棚保管します。当日入出荷は棚保管せず、フリーロケーションに一時保管して、種まきか摘み取りかのピッキングをして出荷します。

販売管理では、発注、入荷、仕入計上、在庫、受注、出荷、売上計上に、債権債務管理が適用業務範囲です。

実際の商品の動きを見てみると、商品到着、荷受、ケース数検品（送り状のケース数と着荷ケース数の確認）、員数検品、伝票記載数と入荷現物数のチェック、伝票訂正、入荷計上、仕入計上、保管（棚ロケーション）、移動、販売可能在庫数報告(A品等)、出荷指示、ピッキング、伝票発行（納品書、送状、値札）、梱包、出荷（売上報告）といった業務が物流センターで動いています。他に返品処理に加えて品質検品やプレスや補修、セット組みなどの庫内流通加工の業務もあります。

ここまでの記述で、販売管理システム側のデータ構造では、対応できない要素があることが理解できたでしょうか。第6章の「在庫管理」の項で述べていますが、販売管理側では、お金の管理、数量の管理をしていますが、さらに細かいデータ属性の管理を取り込もうとすると、データベース構造自体が複雑な構造となってしまいます。販売管理側の適用業務範囲で、最適化したデータベース構造があり、物流側においても、物流業務視点で最適なデータベース構造があります。つまり、両者を一体管理させる複雑なデータベース構造よりも、それぞれシステム面では分けて考えたほうが、構造はシンプルになります。経験上、物流などの適用業務範囲は、別システムで管理することが、適材適所のシステム配置となると考えています（図表12-2参照)。

物流は入荷や出荷、返品、移動のデータが発生する場所です。物流側から販売管理側に対して、どのデータ項目をいつのタイミングでインターフェイスするかをしっかり決めておくことが、スムーズな連携に不可欠になります。

物流業務に関する適用業務は、入荷、出荷で概ね記載しているので、この章では、さらに物流側のオペレーションを意識して業務内容を記述します。物流は「段取り」と言われています。今日の入荷数、出荷数などの作業の総量があらかじめ想定できれば、人員配置や作業スペース確保の準備ができます。それではそれが当日に分かれば良いかというと、小規模な物流作業では、なんとか人のやりくりができるかもしれませんが、ある程度の規模の物流運営では、急な増員は厳しい面があります。

本部側の業務想定をすると、来週1週間の入荷予定は今週末には概ねつかめているようです。この情報を物流側で共有できれば、人員コントロールに役立ちます。アパレル商材は季節商品なので、春夏物の立ち上げ、秋冬物の立ち上げで年間大きく

図表12-2　販売管理システムと物流システムの在庫管理

販売管理システム	物流システム
在庫情報	在庫情報
年月別 　受払情報（売上、入出荷、移動、返品、預け、預かり） 　現在在庫高、数 　月末在庫高、数 　在庫高（販売価格ベース、原価ベース） 組織、ブランド別 　（同上の条件） 商品別 　（同上の条件） 本部、センター、店舗ほか場所別 　（同上の条件） チャネル別	組織、ブランド別 　受払情報（入出荷、売上）、移動、返品、預け・預かり、良品・不良品） 　現在在庫数 　月末在庫数 棚ロケーション、商品別 　（同上で現在在庫数） チャネル別 　卸、直営店舗、EC、その他別 　現在在庫（商品明細数） 他に取置、指示済みなどのステータス管理

2回の波動があります。また、年末年始やゴールデンウィーク期間用に、店舗在庫を厚くする時期、これにセール品の投入時期の波動を重ねると、年間の波動パターンがおおよそですがイメージできます。前年実績があれば、前年の時期と数量を参考に今年の販売予算から物流波動を想定し、これに週次の物動予定を重ねて、レイバーコントロールを行います。ただし、本部からの予定情報は変動します。その変動の一番の課題は、商品入荷予定の精度が比較的低いという点です。縫製工場側の納期遅れが原因ですが、その理由を辿れば、生地や資材類の着荷の遅れや、生地不良の発覚、縫製仕様変更などで、縫製工場自責の問題ではない点が多々あるので、この「事前情報は変わる」ということを前提にした「経験の知」を交えたレイバーコントロールが必要となります。もちろん入荷前日の本部担当者との入荷予定情報の共有は言うまでもありません。

次は入出荷業務と在庫精度の維持の話です。例えば100枚の入荷予定情報や納品伝票があって、間違いなく100枚の現物が物流センターに届けば何も問題ないのですが、時によりここで誤差が生じます。通過型の入荷計上のページでも記載していますが、入荷員数検品をしない（検品レス）で出荷作業をしたり、入荷予定情報を入荷データとしてそのまま取り込んでしまうような業務フローをした場合です。最低限の対処方法は、入荷梱包ケースの外側に記載している入り数明細をカウントして入荷数とする方法ですが、これも開梱して現物をカウントしないので、誤差を生む恐れがあります。これを一段階進めると、開梱して入り数を全量カウントする方法があります。これでも総数は一致しますが、品番SKUのてれこ把握はできずSKUレベルで誤差が潜む原因となります。在庫精度を維持するために一番適切な方法は、全量を検品して入荷明細をSKUレベルで把握することです。1万枚あれば1万件の入荷検品となり、かなりの作業負荷となります。

仮に入荷時点で入荷検品をしなくても、その入荷品の「入荷ロット」を明確にしておき、出荷や棚保管時に検数して、その明細合計を入荷明細に置き換えることで、入荷実数として処理して運用する方法もあります。在庫精度の維持のためには、物流側のどこかの工程で必ず検品をして、明細を把握することが不可欠です（図表12-3参照）。

次は一日の時間軸から見た運用について説明します。

「備蓄型」と「通過型」で違いが生じます（図表12-4参照）。

「備蓄型」では在庫自体は物流センター側にある前提で、出荷指示を受けてピッキング、梱包、出荷作業を行います。出荷指示は前日または当日朝に入手し、ピッキングリスト発行や伝票発行を行い、段取りがつき次第ピッキング作業に入ります。

「通過型」で当日入出荷があれば、入荷作業は午前中まで、出荷作業は入荷順に進めたり午後から行うことになりますが、入

図表12-3　物流センターの入荷計上について

パターン		検品	入力方法	精度、お薦め度
事前出荷明細情報（ASN）で計上する	商品	数えない		△
	納品書	添付なし	ASN情報で自動計上	
納品書記載を正とする	商品	数えない		×
	納品書		入荷入力	
ケース外装記載数で検品	商品	外装記載数	外装記載と納品書記載をチェックして入力	△
	納品書			
員数検品	商品	数量カウント	カウント数と納品書をチェックして入力	○
	納品書			
バーコードまたはRFIDを読む	商品	全量スキャン	入荷時全量読み取り検品	◎
	納品書			
バーコードまたはRFIDを読む（後工程）	商品	全量スキャン	入荷時でなく、棚入、出荷時に読み取り検品	◎
	納品書			

ASNの場合は送り手側でASN情報を作るためにシステム化、物流運営をしていることが多いので、納品書入力で検品レスの場合より納品精度は高いことが多くあります。

図表12-4 「備蓄型」と「通過型」の概念図

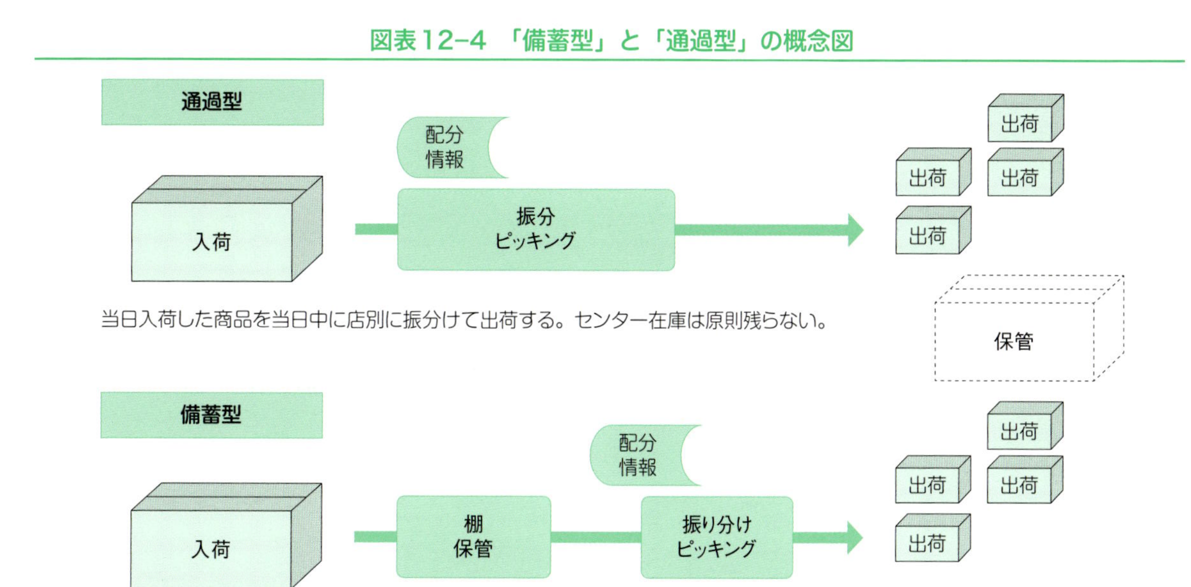

当日入荷した商品を当日中に店別に振分けて出荷する当日出荷（初回投入分）に加えて、商品を保管して保管分からフォロー出荷をする場合は備蓄型となります。また、売り減らし型では店舗投入に先立って商品が入荷し格納する場合が多いので、そのような場合は典型的な備蓄型物流モデルとなります。

荷作業を午後の何時まで繰り下げるかは、物流現場と本部の合意事項です。ただし、午後に数万枚入荷して、その数万枚を午後に店別ピッキングして、当日の運送業者引き取りに間に合わせるようなことは、物理的にかなり難しいと思われるので、当日入出荷の受入条件は、本部側と打ち合わせして合意しておきます。「通過型」でも当日に店舗別振分作業をした結果、指定のパッキン容積に対して容量がいっぱいにならない場合は、送料負担を考慮していっぱいになるまで、出荷しないで待つことがあります。

運送業者は、朝は8時過ぎから物流センターに到着している場合がよくあります。コンテナやチャーター便は、何時から荷受ができるかを、十分に本部側へ伝えておくことが必要です。荷受のキャパ以上にコンテナや大型車が到着しても、その車からの荷下ろしを待たせるだけになってしまうし、駐車スペースもとられるので、双方のために到着時刻を小分けにした十分なコントロールが求められます。また、出荷ケースの積み込み時刻も、運送業者の引き取り時刻に合わせて行うことになります。荷物が多い時は、あらかじめ運送業者に連絡して、時刻の後ろ倒しや手配する車の台数やトン数を増やすような調整をしますが、物流センター側の思うように、運送業者さんが柔軟に対応できない場合が多く、一般的には物流センターと運送業者さんとの間で引き取り時刻を決めて、この時刻に合わせて作業を進めることが多いと考えます。

また、イレギュラー処理がレギュラー化しないように、定期的に関係者で物流運用の協議を開催していくことが重要です。

物流センターからの請求について、通常は締日を設けて、前回締日以降で今回の締日までの作業料を算出します。この算出のために、作業項目別の作業件数を把握できなければなりません。毎日、現場で作業件数をカウントして、締日に集計する方法がありますが、取扱量の多い物流現場はこの作業自体が、大変なワークロードになると考えます。システムで物流業務全体を管理している場合は、システムから作業項目別の実績データがとれるようにします。誤計上で修正処理をした場合や、作業途中で欠品等により数量訂正や、何らかの理由でデータの変更や取り消しがあった場合に、この操作履歴データを残しておくことが必要です。もちろん請求用に使うのは該当作業の作業実数なので、請求データに影響することがない前提です。仮に、取り消しがマイナスの意味で「返品的」な扱いでシステム上保持してしまうと、受け払いの総数にこの訂正分が反映され、かつ、返品合計に訂正分のデータがカウントされ、返品率などの管理データに影響が生じたりすることがあるので、訂正データの扱いは要注意です。十分に注意しないといけない理由は、情報の精度確保のためと、不正防止、在庫差異が生じた場合の原因追究の手段のためです。

物流で扱う「数量」情報はSKU数や入出荷数、セット組みを含めた処理単位数、ケース数、在庫数などです。今まで物流の基本管理単位はSKUと述べていますが、そのほかに呉服などの高額品（紬、友禅、作家の作品など）や美術品、宝飾品、高額な腕時計、毛皮など1点1点を個品として管理する一品管理があります。物流センターでは区画をしっかり分けて、施錠や入退室の管理も行うことが求められる場合があり、商品管理のために一品管理用のバーコードやRFIDタグを用います。物流側でどこまでの管理をするかはともかく、トレーサビリティとして商品がいつ出荷され、どこに保管され、いつ戻ったかということの管理をするクライアントもあり、物流側での動きのデータと連携させることが求められる場合があります。この他、雑貨類などでロット管理をしたり先入先出の管理、賞味期限の管理などが必要な場合があります（図表12-5参照）。

図表12–5　物流の数量情報

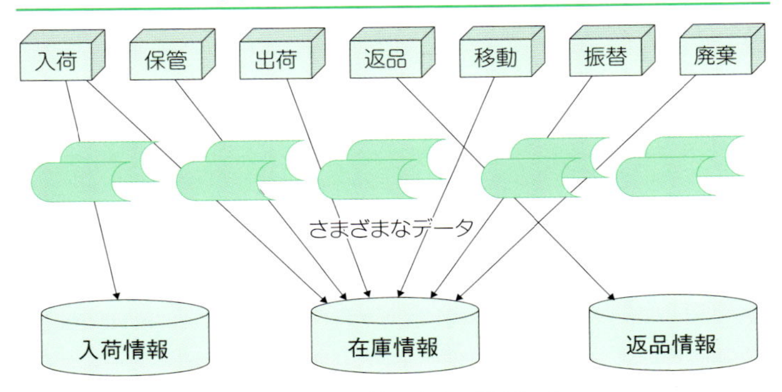

物流オペレーションを支える機能サポートやデータ処理に加えて、実績管理、請求を意識したデータ構造、更新、メンテナンスの仕組みを考えておきます。
——取り消し、再計上のデータの扱い
——赤伝、黒伝のデータの扱い
——締日と、締日を過ぎた日に発生したデータの扱い。締処理以降に発生したデータの運用ルール
——リアルタイムで更新しているファイルへのデータ訂正、及び、バッチ系累積データファイルへの反映
——発生データの積み上げで現在在庫、累計ファイルの現在値になるか

▶今後の物流戦略

流通業界はマルチチャネルからクロスチャネル、さらにオムニチャネルへと進化していくと言われています。

物流側の立ち位置から見た場合は、ますます速い物流やクライアントが求める在庫回転率アップへの対応が求められます。その中で物流経費減、エコ（省エネ）や人材確保難を乗り越えなくてはなりません。

これらを総合的に解決していく良い手段はなかなか見当たらないのですが、このような局面だからこそ、さらにクライアントとの密なる連携が不可欠ということだと考えます。物流改革を総合的に一緒に検討したり（提案型の物流業者にならないといけません）、パートナーとしての共通目線で、相互に会話できることが重要だと考えます。クライアントは必ず悩みや課題を持っているものですが、御用聞き的に訪問している間は打ち明けてくれません。何げない一言に反応して「的を射た会話」につなげていくことがしっかりできるのが「物流のプロ」だと考えます。人材育成はなかなか難しいですが、ニーズに対して解決できる提案力（人材や事例や仕組み）を整えていくことが、戦略の第一歩と考えます。

次にその実現と実行力です。物流精度が維持でき、スピード感のある物流に対応できるシステムをしっかり実装していること、流通業の環境変化に対応し、不断の努力で進化させていくことが重要だと考えます。

速い物流の指標の一つに在庫回転率の向上があります。すなわち少ない在庫で売上を上げるということですが、そのためには仕入、補充、出荷を速く回すことです。また、必要な施策は当日入出荷のキャパを上げたり、同一センターからリアル店舗（多業態対応）とEC分の在庫を共有し、両者の物流運用に対応することです。在庫の横持ちや、複数のセンターでの在庫保持を防ぐことで、理論的には在庫量を減らすことが可能です。ただ、実現には各クライアント固有の状況がありますので、一歩ずつ実現に近づけていく努力を相互で行っていくことだと考えます。

戦後の既製服の広がりから60年が過ぎ、この間で流通業態も卸中心から委託取引制度の創生、ファッション専門店の発展、DCブランドの発展とともにショップ形式の展開、SPA化、ファストファッション、EC、そしてこれらのチャネル混在、統合物流運営と、物流は大きく進化してきました。東西に装置産業的に大きな流通センター（ハブ）を構築して輸配送のスピードアップ、効率化を上げることも戦略ですし、そのセンター内で流通加工サービスを行うことで流通付加価値を上げることも戦略です。クライアントとともに、流通変化の潮流に半歩進めた施策を、トライ・アンド・エラーで着実にノウハウや実績を蓄積していくことも、物流企業にとっての戦略だと考えます。人材確保が厳しくなる中で、高齢者でもできる物流や優しい物流現場を実現するためのシステム化（無線ハンディターミナル利用やRFID、マテハンの活用）は、今後の物流戦略実現の中で不可欠な領域だと考えています。

第13章

EC（電子商取引）

▶ECサイト出店と自社サイト費用について

ECについては、①ZOZOTOWN、ファッションウォーカーやマガシークなどのファッションモール系サイトに出店する方法、②Yahoo!ショッピング、楽天市場などのサイト出店サポート機能を利用して「市場」のイメージの中にブランド店を出店する方法、③直営自社サイトで運営する方法、などがあります。

①はモール側のブランド選定があり、どのようなブランドでも取り扱ってもらえるわけではありません。サイト運営はモール側ですべて運用され、出店側は商品を消化（売上仕入）形態でモール指定の倉庫に納品します。撮影からサイトアップまですべてモール側運営担当者で行います。②の場合は、販売するサイトの仕組みを出店者に提供します。サイトアップ、サイト運営は自社で行うか運営会社に委託します。③はすべて自社でサイト構築をしてサイト運営を含めて自社管理で運営します。もちろん自社といっても運営会社に業務委託する場合が多いです（図表13-1参照)。

①は購入者情報はモール側にあり、出店者へは顧客情報は開示されません。性別、年代等の顧客属性情報は開示されますが、店舗顧客情報やポイントの共通化や連携販促はかけにくくなります。

②はサイトの仕組みが提供され、これを活用する方法なので、自社のブランドイメージに沿ったサイト作りには制約が生じます。この点③は以上の制約はなく、自社のコンセプトに沿って自由に展開できます。

①及び②の運営会社委託型ではサイト販売金額に対しての契約料率を支払うことが一般的です。

③の内容で実際のビジネス運用面を記載します。まず、サイ

図表13-1　ECの出店方法

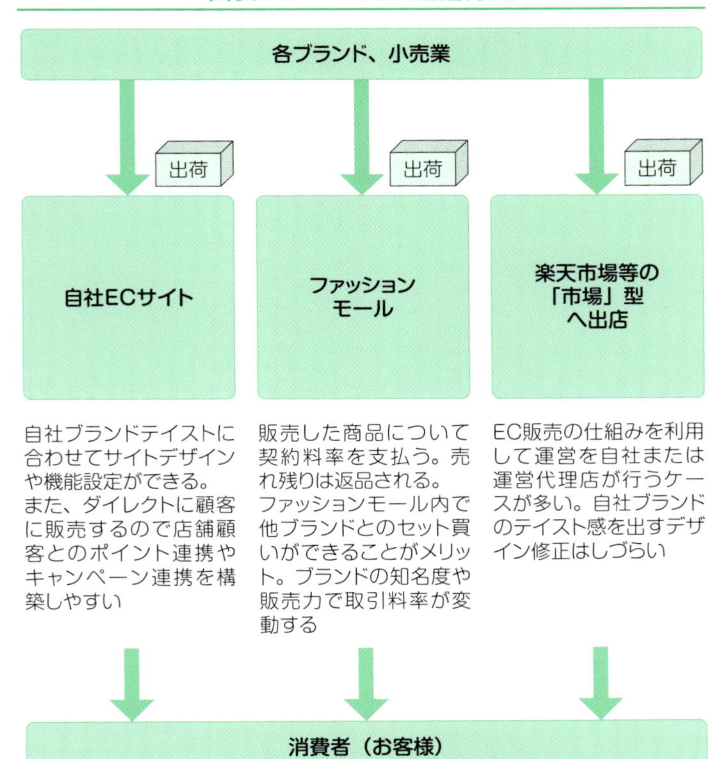

ト構築の作業があるため、初期費用がかかります。受託ベンダーにより初期費用はとらないで運用ランニング費用で回収するビジネスモデルもあります。運用費用としては「ささげ」(撮影：物撮り、モデル着用)、採寸、原稿（商品説明、コンポジ情報)、物流作業料（保管、入出荷、返品、棚卸、交換)、資材費用、配送料、カスタマー業務費用、決済手数料（代引き、クレジットカード決済、キャリア決済、その他後払い決済など)、SEO等のサイト販促経費、広告費用、キャンペーン経費、サーバー運用費、システム保守費用、サイト運営（サイトアップ、サイト更新、投入及び在庫管理、返品対応、決済管理、売上入金個別消し込み）等の費用が必要となります。売上高とコスト負担を十分にシミュレーションして、売上高、収支計画を立案しつつ、売上高と経費の進捗管理をする必要があります(図表13-2参照)。

以降は自社サイト構築の場合について説明します。

サイトの構築では、インターネット接続環境にあるパソコン、スマートフォン、携帯電話（ガラケー）の３媒体に対応するサイトを構築することが理想ですが、ガラケーについては市場シェアは根強いものの、ネットショッピングの用途では使い勝手が悪く、現状でガラケーからの購入比率は数％というサイトもあるので、新規にサイトを立ち上げる場合はパソコンとスマートフォン向けに限定することも十分あり得る選択と考えます。

EC業務については、EC事業戦略、サイト設計開発、サイト運用、サイトシステム保守、物流＆カスタマー業務、受注、売上入金管理、SEO広告等のマーケティング活動などがあります(図表13-3参照)。

図表13-2　EC自社オフィシャルサイト構築、運営の場合の費用項目例

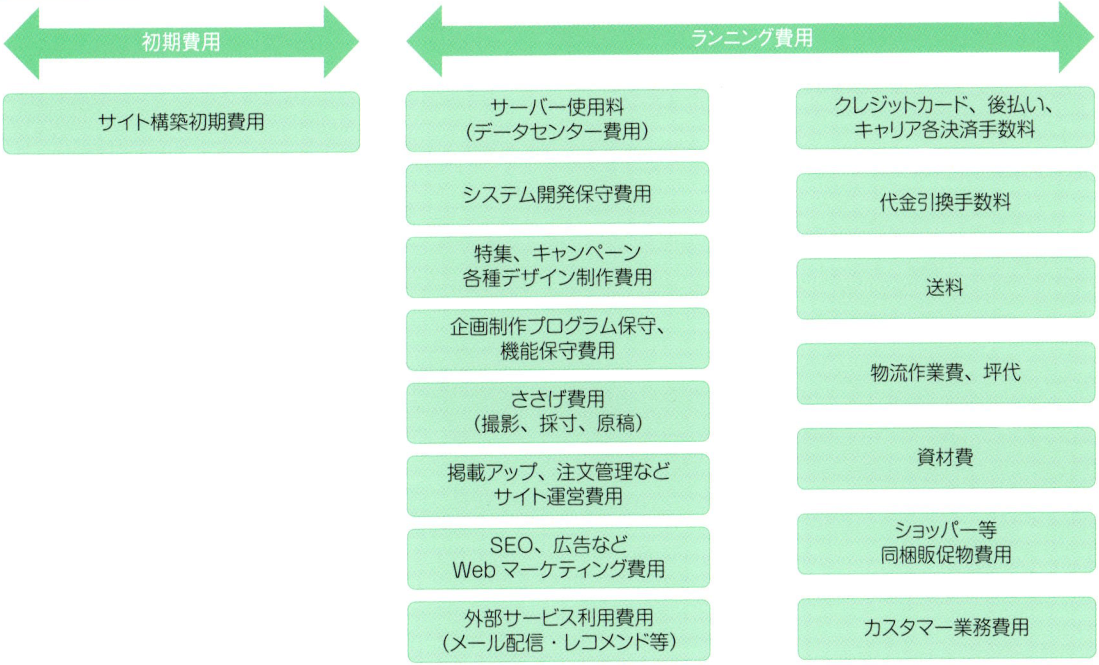

初期費用	ランニング費用	
サイト構築初期費用	サーバー使用料（データセンター費用）	クレジットカード、後払い、キャリア各決済手数料
	システム開発保守費用	代金引換手数料
	特集、キャンペーン各種デザイン制作費用	送料
	企画制作プログラム保守、機能保守費用	物流作業費、坪代
	ささげ費用（撮影、採寸、原稿）	資材費
	掲載アップ、注文管理などサイト運営費用	ショッパー等同梱販促物費用
	SEO、広告などWebマーケティング費用	カスタマー業務費用
	外部サービス利用費用（メール配信・レコメンド等）	

図表13-3　EC業務運用の全体概要

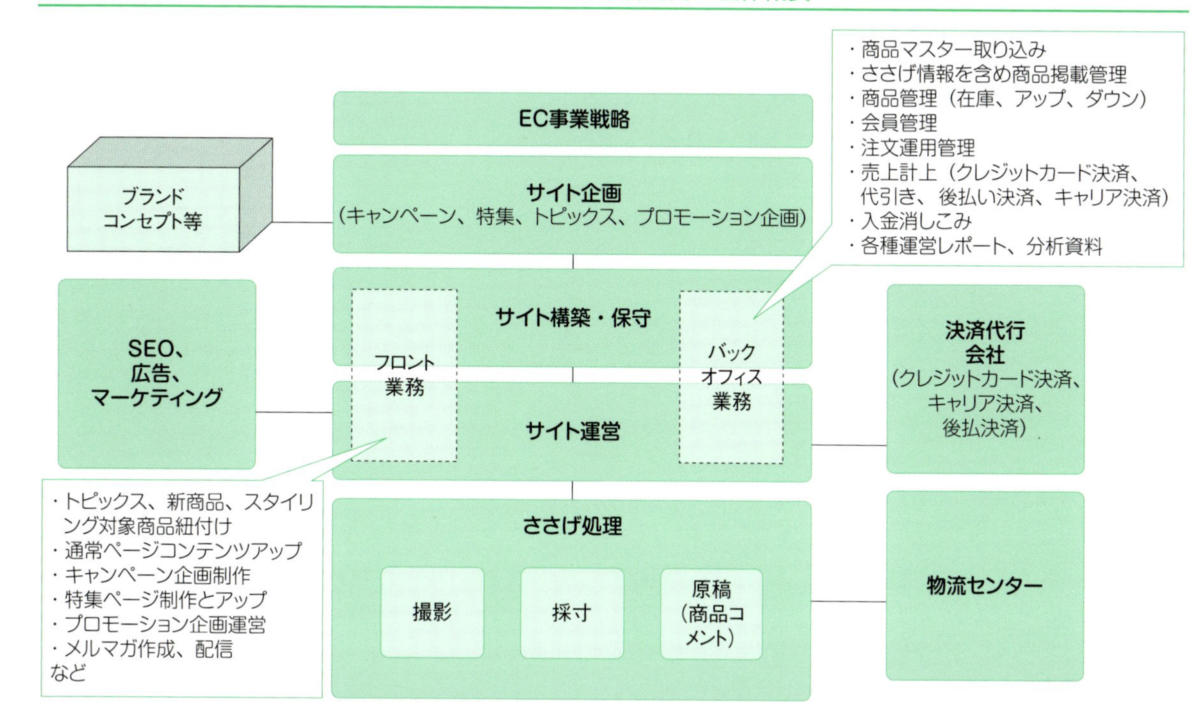

▶EC事業戦略

ネット販売の対象ブランド、アイテム、消費者ターゲット、販売価格ゾーン、平均受注金額、セット率、平均単価、注文件数、月間販売金額、投入在庫金額・数量を計画します。消費者ターゲットにより購入媒体比率や受取拒否や長期不在の割合が変わり、また決済方法の構成比が変わります。例えば一般的には年齢の若い高校生や大学生、20歳代前半のゾーンでは、スマートフォン比率が高く、決済も代引きや後払い、キャリア決済が求められる反面、50歳以上のターゲットでは媒体はパソコン、決済はクレジットカードや代引きが多く、受取拒否や長期不在はかなり少ないという傾向があります。

送料関連では預かり送料をいくらに設定するか、送料無料ラインを設けるかを検討します。

消費者ターゲットにより決済手段の選択を検討します。

コスト面では、撮影、採寸、商品説明テキスト（原稿）の費用、物流経費、サーバー費用、サイト運営、保守費、カスタマー業務費用、その他事務関連費用などを試算します。

その上で売上高、経費の収支表を検討し、損益分岐売上額の推定で売上高、収支シミュレーションをします。損益分岐売上額に至るまでは赤字ということになるので、サイト訪問の会員数及び実際に購入する人のコンバージョン率を設定し、会員目標を設定します。この会員をどう集めるかが具体的な施策となります。店舗があれば店舗顧客に告知、ネット上での広告、パブリシティ、全く無名であれば、この作業が一番頭を悩ませることになります。検索エンジンに掛かりやすいようにSEOサービスを利用することも手です。このあたりの販促手段をどうするかが、戦略のキーポイントと考えます。また、ポイント付与を行うか、クーポンを配付するか、会員ランクを設けるかなども検討し、収支シミュレーション上に反映します。

▶サイト設計開発

事業戦略を受けて、顧客ターゲット層向けのサイトデザインを検討しつつ、対応すべき要件の機能実装の設計を行います。現在ではパソコンサイト、スマートフォンサイトが軸になると考えます。

ECサイトは媒体特性を考慮して媒体別に構築します。

商品の注文がしやすいように操作性を考慮し、少ないタッチ数で買物ができるように構築します。また、商品選択が便利なように選択条件についてもアイテムばかりでなく、カラー別や価格帯別、新規入荷、再入荷などの選択条件で選べるようにします。新規入荷や再入荷、値下げ商品はわかりやすく商品画像にこれらの表示をする場合が多いようです。

注文が完了したあとの事務処理がかなり面倒な作業になるので、注文、出荷完了、売上計上完了、入金完了などを注文番号別のトレースができないと、事務上の照合に手間がかかります。また、キャンセルや不良品などの対応のために、返品、交換の作業進捗状況が、一連の進捗確認でつかめたほうが便利です。

ハード面では、想定する買上件数の一時的な集中件数を想定して、そのアクセス集中に対応できるサーバー容量や回線を準備します。

▶サイト運用とシステム保守

販促キャンペーンを、どう展開していくかというマーケティング活動と、日々の商品アップを中心とする運用活動の2つがあると考えます。マーケティング活動については、2点お買い上げで……、○○ポイントプレゼントなどの販促活動、暦（母の日など）、シーズンなどから集客、売上アップの施策を検討します。

日々の運用活動では、サイトアップのために商品マスター入手、入荷情報の把握、撮影の指示、撮影結果の確認、ささげ情報の作成、そのチェック、入荷数（在庫数）確認をして、サイトアップで販売可能となります。なにげない作業ですが、専任の担当者がいないとモレや間違いが生じたり、欠品が生じたりしてトラブルの原因となります。現物が手元にない状態で遠隔から作業をする場合が多いことから、撮影スタジオや物流現場との連携がうまく進められることが作業のポイントとなります。

全体の概略運用フローを図表13-4に示します。

お客様からのニーズ対応で機能拡張が随時行われます。その場合にプログラム変更が実施される場合があります。スマートフォンサイトを含めて、OSのバージョンや汎用ソフトの利用などシステム環境変化に応じたシステムテストが不可欠です。十分なテスト計画を立案してサイト運営に支障が生じないようにします。

▶物流＆カスタマー業務

EC物流は注文番号単位の出荷が基本となるので（同一日の

図表13-4　EC運用の概略フロー

複数注文を1梱包にまとめるサービスもありますが)、この注文番号単位で間違いないピッキングと出荷を行います。

そのためには、欠品が生じないよう正確な在庫管理を行うこと、注文単位のピッキングがスムーズにできるようにピッキングリストやピッキング方法に工夫をすること、送り状や納品書の発行を作業工程の流れの中でセットがバラバラにならないように工夫をすることや、同時発行することを考えること、さらに梱包時に内容検品と納品書や送り状とのチェックを行う工程をきちんと入れることが必要です。

カスタマー業務は、商品問い合わせや注文の問い合わせ、キャンセルや交換、クレームなどサイト販売業務のお客様対応窓口になります。カスタマー業務を想定して、サイトのバックオフィス機能を考慮しておくと良いでしょう。つまり、注文から入金までのステイタスが注文番号単位でトレースできるようにします。注文やキャンセルのタイミングで情報更新されて、最新の状況がつかめることです。また、メールや電話対応の履歴を検索できて、担当者が替わっても続きの対応が進められるようなカスタマー対応を支援する仕組みも、ある程度の規模になると必要になります。

▶受注、売上、入金管理

受注後、クレジットカード決済やキャリア決済、後払い決済のオーソライズ(与信枠の確保)が通過したことを確認をして出荷します。

代金引換は、事前のオーソライズはありません。

すべての出荷明細と入金とを照合して、間違いなく代金回収されているか随時点検します。特に返品や一部キャンセルになったものは、注文金額と入金金額がストレートに一致しないので、返品やキャンセル情報とともに照合します。

イレギュラーな対応をした場合に、最終的にこの照合処理で違算が生じます。システムで照合業務までカバーできれば良いのですが、最終の点検は人手になると思われます。毎月1回、定期的な照合処理を行って、早期発見、早期ジャッジをしていくことが肝要です。

▶SEO、広告マーケティング

SEO対策はGoogleやYahoo!の検索エンジンにヒットしやすいように、サイト上にキーワードなどを仕込む作業です。検索サイトに広告を出すことは有効と思われますが、投資対効果を十分に検討する必要があります。自社サイト、展開ブランドの知名度によってこのマーケティング活動が変わります。

▶売上拡大のために

図表13-5のように、売上＝購入者×1人当たりの購入金額です。売上を拡大するには、購入者を増やすか1人当たりの購入金額を増やす必要があります。

購入者を増やすということは、新規顧客を増やす、既存顧客に何回も購入してもらう（リピート率アップ）ということです。購入金額を増やすには単価を上げる、同時に購入する点数を増やす、という手を打つことになり、このために売上分析が必要になります。

購入者を増やすために、どのようなお客様が購入されている

図表13–5　ECサイトデータ分析の公式

基本：

売上 ＝ 1人当たり購入金額 × 購入者数

売上構造分析：

顧客分析：

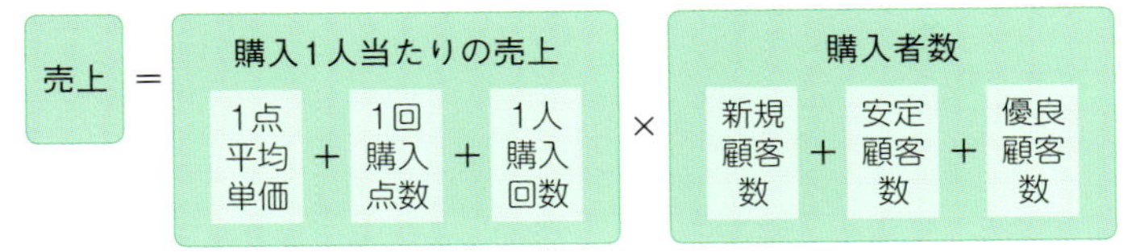

行動分析：

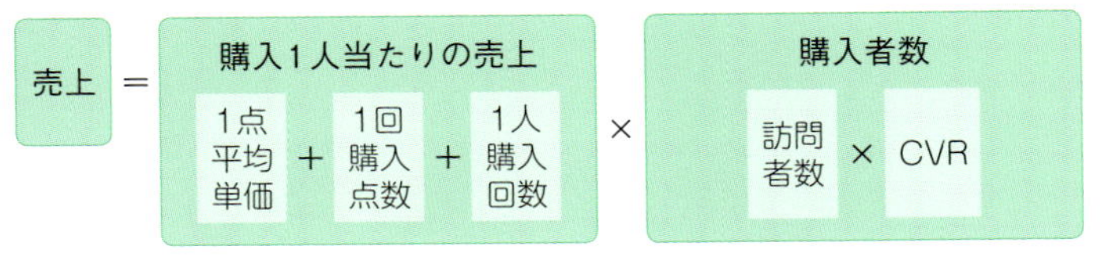

出典：野口竜司著『Live! ECサイトカイゼン講座』（翔泳社、2014年）P31 ～ 33

のかを知る必要があります。まずは購入者の割合で新規顧客か既存顧客か、この2者の割合を把握します。売上を拡大するために新規顧客を安定的に増加させなくてはいけません。そのため、検索エンジンで自社サイトが検索上位に来るようにSEO対策をする、web広告を出す、またはリアル店があればそこでECサイトの告知案内を配付するなど、いろいろな手を打って毎月の新規流入比率を見て効果を確認していきます。

第9章のMD活動でも触れていますが、次に客層分析が重要です。リピートが何回目かを分析して、2回目以降の方に回数別に分類します。通常だとリピート回数が増えていくと該当する人も減ってきます。リピート回数と構成人員でゾーンを作って分類し、より上位の分類にお客様が来るようにクーポン等を配布します。例えば、初回購入の方に2回目購入を促すクーポンを送るなどです。リピート回数と購入金額累計の2つを見ながら客層を分けます。客層で、ロイヤルカスタマー（最優良顧客）、優良カスタマー等に分類し、優良顧客には特典を用意し、さらにリピートしていただく、購入総額を上げていただくなどの施策を打ちます。

サイトを訪問した人数から購入まで結びついた方の比率をコンバージョン率といいます。

コンバージョン率を上げるには、サイトが見やすい、使いやすい、レスポンスが速いなどのサイト機能を整備して、買いやすいサイトにしていく必要があります。また、このサイトで購入したいという強い欲求やお得感が必要です。商品説明や情報が豊富で、また、ブランドファンとして仲間意識を創生できるブログ、Twitterでのコミュニティを作り、コネクトマーケティングがその対応手法となります。

また、競合する他サイトとサービス水準を比較して、競争力維持のアクションを検討していくばかりでなく、これらの施策検討のために常時売上内容の分析があって、打ち手の効果を見ていく仮説、検証を回すことが必要です。

用語集

用語集

用語	分野	説明
AR	システム	Augmented Reality。日本語では拡張現実と訳され、コンピュータにより拡張された現実環境そのものを指す言葉。今後、EC等のお客様接点の場面で活用が広がる可能性がある
ASN	システム	Advanced Shipping Notice。事前出荷明細情報のこと。製品出荷の際に製品出荷明細を電子データで送付、物が到着する前に内容がわかる。これにより物流入荷検品の簡素化や本部側の配分処理が早くできるメリットがある
AW	業界	Autumn、Winter。アパレル業界の用語で秋冬物のことをいう
A品	物流	良品のことで商品品質の評価で使う言葉
BL	貿易	Bill of Lading（B/L）で船荷証券（ふなにしょうけん）のことをいう。船会社など運送業者が輸出者へ発行し、貨物の引き受けを証明し、当該貨物受け取りを求めることができる引渡証のこと
B品	物流	不良品のこと
CAD	業界	Computer Aided Design。コンピューターを用いた設計、製図の支援システム。アパレル業界では、型紙といわれるパターンを設計すること、サイズ展開するグレーディング、生地に型紙を最適配置するマーキングという分野がある
DB	業界	Distributor。ディストリビューターは、ファッション小売業態でバイヤーやマーチャンダイザーが発注した商品を店舗投入する配分数を決める役割の人。店舗予算、売上、在庫を常に把握し、売れ筋や滞留状況も把握して、移動（交流）、返送などの指示も出す
DB	システム	Databese。コンピュータシステム構成の中でデータを格納し、検索や取り出しができるようにした仕組みのこと。本書は、システム用語のデータベース（DB）と流通業界用語のディストリビューター（DB）が略語で同じDBと表現されているので注意
DC	物流	Distribution Center。在庫保管型物流センターのことで、出荷指示に対してすぐに出荷ができるように商品を保管している
DCブランド	業界	Designers' & Character（デザイナーズ&キャラクター）ブランド。1970年前後からナショナルブランドのアパレルメーカーと違った「自分が着たい服を自分で作る」という個性ある商品を提供するデザイナーズブランドのこと
EC	システム	Electronic Commerce。電子商取引、eコマースともいう。本書ではインターネットを利用したショッピングのことを指す
EDI	システム	Electronic Data Interchange。商取引のために標準化されたデータを企業間でデータ交換を行うもの
ERPパッケージ	システム	Enterprise Resource Planning。企業全体の経営資源をトータルに管理して経営の効率化、全体最適を図る手法。この機能をサポートする適用業務システムをERPパッケージという
FA	業界	Fashion Adviserのこと。店舗で接客対応し、商品説明やお客様へコーディネート説明をする販売員のこと
FCR	貿易	Forwarder's Cargo Receipt。フォワーダーが発行する貨物受取証のこと
FKU	業界	Face keeping unit。店舗フェースの展開やeコマースサイトで陳列、表示数量で用いる言葉で、品番+カラーの組み合わせ数のこと
FTA	業界	Free Trade Agreement。自由貿易協定のこと

用語	分野	説明
GMS	業界	General Merchandise Store。総合スーパーと呼ばれる
JANコード	業界	Japanese Article Number。JANコードは日本国内のバーコード規格呼称
KPI	業界	Key Performance Indicator。重要業績評価指標。物流現場では、人時生産性、スペース効率、各種リードタイムなどの目標値が代表例
MD	業界	Merchandising。ターゲットとする顧客に対して、商品計画（販売計画と並行してシーズン、ブランド、カテゴリー等から商品展開を数量と金額ベースで計画立案）、商品企画（商品構成、デザイン、仕様、原価、予定売価設定など）、販売政策（販売売価、展開時期と期間、展開店舗、値下げ、移動）などを、立案、実施する活動のこと。その業務を行う担当者をマーチャンダイザー（MD）という。つまりMDとは商品計画、商品企画、販売政策などの活動のことを指す場合と、それを実行する人を指す二つの意味がある
NB	業界	National Brand。アパレルメーカー側のブランドのこと
ODM	業界	Original Design Manufacturing。製造者が主体的に製品企画を行って、製品のデザインや仕様、サンプル品を注文者へ提示して、注文者から受託生産することをいう
OEM	業界	Original Equipment Manufacturer。注文者からデザインや仕様の提示を受けて注文者のブランド名で製造することをいう
OS	システム	Operating System。コンピュータシステムの基本となる全体を管理するソフトウェアのこと
OTB	業界	バイイングする小売業において、仕入予算管理する手法として、OTB（Open To Buy）＝期末在庫高予算－手持ち（期首）在庫高＋売上高予算の計算式で売上と在庫状況から仕入過剰にならないように、仕入枠予算を運用すること
PB	業界	Private Brand。プライベートブランドのこと。小売業からの委託生産する小売業ブランドのこと
PLU	システム	Price Look Up。POSレジから見て最新売価をシステム的に読み取る仕組みのこと。JANコードを読んで売価が表示される
POS	システム	Point of Sale。販売時点情報管理という意味。一般的にはPOSシステムのことを指し、商品に付いているバーコードを読み取り、商品品番、品名、価格や値引き額を計算し表示するシステムのことをいう。POSシステムはレジ機能に加えて店舗売上管理など店舗管理のための基本システムである
QR	システム	Quick Response。米国繊維産業の生産から店舗までサプライチェーンの改革事例を参考に、日本で90年代半ばに国の助成を受けてアパレル、小売業界で取り組んだクイックレスポンスの改革活動を指す
RFID	システム	Radio Frequency Identifier。ICタグのこと。電波を使って非接触型でICチップにデータを読み書きする技術。電子マネーや定期券等の乗車カードに幅広く活用されている。アパレル業界では、商品に下げ札として付けて、物流業務や店舗業務の効率化、業務精度向上に活用する取り組みが広がっている
RFM分析	システム	Recency（最新購買日）、Frequency（購買頻度）、Monetary（購買金額）を数値化して顧客層別分析をすること.。一般的に購買頻度が多く、購入金額も高い顧客層は優良顧客、購買回数が多いお客様で最新購入日から期間があるお客様は離反の可能性があるお客様というように層別する

用語	分野	説明
SCM	システム	Supply Chain Managementのこと。生産者、素材・材料メーカー、発注者が生産計画や発注情報、在庫情報を共有して、早く、安く生産・調達できて、適正な在庫や欠品を少なくすることに貢献する仕組みのこと
SCMラベル	システム	Advanced Shipping Notice（事前出荷明細情報）と対になって、入荷段ボール箱に貼り付けてあるバーコードラベルのこと。物流入荷検品ではSCMラベルをスキャンすることで事前出荷明細情報と照合して段ボール箱の内容明細を把握できる
SEO	システム	Search Engine Optimization。サーチ・エンジン・オプティマイゼーションは、検索エンジンを対象として検索結果でより上位に現れるようにウェブページの見出しや説明テキストを変更したり、その操作をする技術のこと
SHIP日	本書	船積、出港日のことを指す
SKU	業界	Stock Keeping Unit。在庫管理の最小単位のこと
SNS	システム	Social Networking Service。人と人の繋がりをサポートするサービスシステムを指す。FacebookやTwitter、LINEなど多くのサービスが存在する
SPA業態	業界	Speciality store retailer of Private label Apparelの略であり、自社企画アパレルの専門小売業または製造小売業を指す。アメリカのGAP社が1986年に使用した造語である。意味は企画・製造・小売に至る垂直的な取引の流れを自社のイニシアチブのもとに一貫して行う仕組みである
SS	業界	Spring、Sumner。アパレル業界の用語で春夏物のことをいう
TC	物流	Transfer Center。通過型物流センターのことで、入荷した商品を複数の出荷先へ当日中もしくは早期に出荷するため、積み替えや振分作業を行う
アウトプット	システム	コンピュータシステムから出力される帳票や伝票類、検索表示画面を指す
アソート	物流	仕分けすること。店舗別アソートというような言い方をするが、店舗別の配分指示数に対応して、商品を仕分けする作業のこと。または、梱包ケースについて指定の内容明細どおりに商品を仕分けして梱包すること
アプリ（スマートフォン）	システム	スマートフォン側に導入して、Web側のサイトの連携がよりスムーズにできるようにした仕組み。eコマースでは、ログインまでの操作短縮、アプリ側の処理で画面展開に変化を持たせることができ、操作性の向上、斬新なイメージによりサイトへの来店頻度を上げたり、購買までの操作短縮に繋げることが可能となる
委託取引制度	業界	アパレル製造卸企業と百貨店間にある取引制度で、納品した商品の返品を認め、売場の在庫管理責任は百貨店側にあるという条件の取引のことをいう
一斉棚卸	物流	商品の出入りをすべて止めて、物流センター内の在庫品をすべてカウントする方法
一品管理	業界	商品1品1品単位の管理。個品単位でユニークな番号をつけて、入出荷や在庫管理を行うこと。高額品やトレーサビリティが必要な時に行う
移動平均法	業界	移動平均は、仕入の都度、現在在庫総金額と数量に今回の仕入金額と数量をそれぞれ加算し、金額÷数量で1点当たりの原価を算出する方式

用語	分野	説明
インストアマーキング	**業界**	販売する商品にJANバーコードがついておらず、店舗内でコードを発番しバーコードを付けること。代表例に不定貫（肉、魚など）商品を捌いてパックにして販売する際のバーコードはインストアマーキングとなる。アパレルの場合は、海外からの輸入品などにバーコードが付いていない場合や、バーコードが自社システムでは読み取れない場合にインストアコードを発番して、物流センターでそのバーコードを商品に付ける
インボイス	**貿易**	Invoice。輸出者が輸入者に発行する納品書兼代金請求書のこと。商業送り状（Commercial Invoice）とも呼ばれる。商品名、数量、契約条件、契約単価、金額、支払方法などが記載される。輸出入の通関手続きにも必要で、記載内容と貨物内容が正式名称で一致していないと通関できない
オーソライズ	**業界**	クレジットカード会社とお客様間で契約している与信枠で今回の買物利用額分の空きがあるかを調べて、決済するために確保すること。クレジットカード決済、キャリア決済、後払決済などで注文から決済に至るシステム処理の過程で行われる
オープンシステム	**システム**	90年代の汎用コンピュータからのダウンサイジングということで、コンピュータメーカーの独自のアーキテクチャーやオペレーティングシステムではなく、当時はUNIXを中心としたオペレーティングシステムで構成されるシステムのことを指した
オフコン	**システム**	オフィスコンピュータのことで70年代から80年代にかけて、主に中小企業の販売管理や会計システムとして導入された。製造メーカーの独自なオペレーティングシステムで稼動しており、90年代にオープンシステムが広がったことで、現在では淘汰されたかオープンシステムのオペレーティングシステムの下で移植稼動している
オムニチャネル	**業界**	すべて（オムニ）の販路（チャネル）のこと。店舗、通販サイト、カタログ誌、テレビなど、あらゆる販路やツールを組み合わせ、顧客に最も合う形で商品を販売する。全体の売上を最大化させる戦略。IT先進国の米国では次世代の小売業のキーワードとされる
オムニチャネル・コマース	**業界**	Omni Channel（オムニチャネル）に対応した商取引をいう。シングルチャネルは、商品を店舗やECなどの単独販売チャネルのみで販売すること。マルチチャネルは、同じ商品を店舗やECサイトなど複数の販売チャネルで販売すること。クロスチャネルは、販売チャネルをまたがりECサイトで購入した商品を店舗で受け取るようなことができること。オムニチャネルは、販売チャネルを意識せずに、いつでもどこでも商品を探したり購入できる概念。商品特性（価格、在庫量、販売期間など）や顧客層により実現のイメージはかなり違ってくると考えられる。例えば、商品検索してその時に購入して自宅配送やコンビニ店受取を選べたり、決済までして店舗で受取ができたり、決済しないで最寄店舗に自分用として取り置いてもらい、店舗に出向いて試着、気に入ったものだけ購入できるなど、さまざまなバリエーションが考えられる。オムニチャネルに向けた改革が検討されている
オリコン	**物流**	折りたたみコンテナのこと
織りネーム	**業界**	主にアウターや重衣料、パンツ類に縫い付けられているブランドラベルのこと。ジャガード織りなどでブランドマークを指定の色の糸で織ったブランドラベルを織りネームという

用語	分野	説明
買取取引形態	業界	アパレル企業から小売業に卸売りをする際の納品形態の一つで、納品で売上計上できる取引形態のこと。出荷基準を採用している場合は出荷で売上計上する取引のこと
カスタマー業務	業界	eコマース事業の中で、必要不可欠な業務機能。各種問い合わせ、商品クレーム、交換・返品の受付、返金の連絡、新製品発売予定について、ポイントやクーポン付与に関する内容、キャンペーンに関する内容、物流関連、再入荷予定、店舗在庫など問い合わせ内容は多岐にわたり、顧客情報の機密保持と返答レスポンス、その正確性が基本要件
カットソー	業界	ニット地を生地のようにカットして縫製した製品
カテゴリー	本書	製品の服種分類区分のうちで、トップスやボトムという名称レベルの分類区分を表す。アイテムというのは、ボトムではスカート、パンツなどのことを指す
キャリア決済	業界	携帯電話キャリアが提供する利用料金に加えて、商品代金も決済できるサービスのこと。ドコモケータイ払い、auかんたん決済、ソフトバンクまとめて支払いがある
クライアント サーバー	システム	エンドユーザーが利用するクライアント側システムと中央で処理するサーバーとの間で、コンピューターシステムの役割を分けて構成したシステム
クライアントと お客様	本書	本書では「お客様」という表現に誤解が生じないように基本的には企業や組織を指す場合は「クライアント」、消費者を指す場合は「お客様」という表現で記載している
クラウド	システム	クラウドコンピューティングのことで、遠隔にあるシステム資源やアプリケーションをネットワークを通じて利用できる
グループウェア	システム	コンピューターネットワークを利用した、組織内の情報共有の仕組み。掲示版、イベント、メンバーのスケジュール、連絡、通知、資料共有、ワークフローマネジメントの活用で申請、承認など活用分野は多岐にわたる
グレーディング	業界	コンピューターシステムを使って元型となるパターンをサイズ展開すること
ケース・ ボール・バラ	業界	流通業で使う商品管理の単位のこと。段ボール箱（ケース、カートンともいう）のことをケース、その中に例えば6個セットで1包装しているような流通単位をボール、その1包装をバラにして個品にした状態をバラという
小売型SPA業態	業界	製造（メーカー）型SPA業態と区別するために使われる言葉で、生産管理機能は持たず自社企画品をメーカーに作ってもらいバイイングする業態。市場のニーズに即応させるため、短サイクルで調達し店舗導入し速いスピードのMDを組む。物流も通過型が多い
個別原価法	業界	同一商品を複数回仕入した場合、仕入の都度、仕入原価を保持する方法
コンテナヤード (CY)	貿易	Container Yard。船積み前の輸出コンテナや荷揚げ後の輸入コンテナを一時保管するコンテナターミナル内にある保税施設のこと
コンバージョン率	業界	eコマースサイトの訪問者の中で実際に購入に結びついた割合
コンバーター	業界	テキスタイル・コンバーターのことを指し、自ら生地商品企画力（デザインや素材選定）を持ち、生地産地や染色工場、商社と連携して生地手配して、アパレル・メーカーへ生地を卸す企業のこと
コンポジ	業界	組成表示＝Composition label。英語名のコンポジションラベルからコンポジと呼ぶことが多い

用語	分野	説明
在庫回転率	**業界**	期首在庫高と期末在庫高を足して2で割り、平均在庫を求める。期中売上高を平均在庫高で割り、この数値が回転率となる。回転率が高いほど、在庫の効率的な運営ができているということ
在庫日数	**業界**	今ある在庫数で何日間の販売に対応できるか、何日分の販売に相当するかを日数で表現したもの。在庫日数が少ない場合、売り切れになる前に補充しないと欠品が生じる
最終原価法	**業界**	同一商品を複数回仕入した場合で、仕入の都度原価が変わる可能性がある場合に、最後に仕入した商品原価を原価として採用する方法
裁断	**業界**	縫製工場で縫製する前段階に「裁断」という工程がある。生地を裁断台に広げて、グレーディングでできた型紙を配置して、生地を型紙にそってカットする作業工程のことをいう
ささげ	**業界**	eコマース事業の中で、中核の一つとなる業務機能。撮影、採寸、原稿（商品コメント作成）の3業務のことを指す。通販においては、消費者は現物商品を見ることができず、画像や説明文を通じて商品イメージを持つため、撮影は極めて重要。ライティングによる商品の透け感、生地のボリューム感など、プロフェッショナルな撮影技術が求められる。商品コメントもトレンディな表現に加え、画像で説明しきれない特徴などを表現する工夫が必要
資材	**本書**	商品を製造するためには、表生地、裏地、芯地、ボタン、ファスナーなどの資材（材料）が必要。この分類、呼び名がいくつかの言葉で用いられているので、本書では一般的な呼び名の分類で用いる。表生地は、資材の中でも原価構成率が高いので、「生地、表生地」という名称で記載。裏地、芯地、パッド、ボタン、ファスナーなどの資材は、「資材」という名称で記載している。この資材を付属というような呼び方をすることもある。また、ブランド織りネーム、洗濯表示、ブランドタグなどは「副資材」という名称で記載。本書では商品を構成する資材（材料）を生地、資材、副資材で分類して記載している。ブランドロゴが入ったバックルやボタン、ワッペンなどはデザイン資材という呼び名で用いている。生地を原材料、資材を副材料という呼び名もある
市場セグメント	**業界**	製品を販売するマーケット（市場）を、ターゲットとするお客様層で細分化分類した市場のこと。例えば年齢層で細分化したり、独身層とかファミリー層などと細分化する
システムインテグレーション	**システム**	クライントのニーズや要求事項に沿って、システム導入範囲を決め、そのインフラ構築、設計開発、導入、運用支援までを統合管理してサービス提供するビジネスのこと
ジャージ編み	**業界**	ニット地の編み方の種類。ジャージ編みは伸び縮みするのでトレーニングウェアに使われることが多い
出荷と出庫	**本書**	本書では資産の動きを伴う商品の「出」のことを出荷として記載。資産の動きを伴わない「商品の出」のことを出庫として記載している
循環棚卸	**物流**	商品の出入りを止めないで、棚への保管やピッキング作業の切れ間に、定期的に棚単位で実施する方法
消化取引形態	**業界**	店舗販売時点で仕入や売上を計上する取引形態のこと
消化率	**業界**	店舗投入数に対する販売数のこと。本部側では発注や投入商品点数に対する販売数で使う
ショッパー	**業界**	ショップ袋のこと。店舗でお客様の商品購入時に商品を入れる袋、手提げ袋のこと
スキャナー	**システム**	POSレジなどに接続されているバーコードの読み取り装置

用語	分野	説明
スムース編み	業界	ニット地の編み方の種類
セール	業界	プロパー品の売価を下げてセール品として販売すること。事業運営管理上は、プロパー品売上、セール品売上を別に把握することが求められるので、セール区分などを品番につけて管理できるように考慮することが必要
セット組み	物流	同じ商品を2点、3点を一包みにして一緒に販売できるようにすること。例えば2足組みセット品など
総平均法	業界	期首の商品評価原価に期中の商品仕入金額（在庫評価原価）を加算し、期首の商品在庫数と期中の仕入総数を足して、在庫原価総額から在庫総数で割り算して、1点当たりの原価を算出する方法
ソースマーキング	業界	商品製造メーカー段階でJANコードを付番して、バーコードを製品につけること。店舗では、このJANコードや売価、商品名を商品マスターに登録し、このバーコードをそのままPOSで読み取る業務の流れを構築する
ソーターシステム	物流	ソーティングマシン（自動ソーター）のこと。あらかじめSKU別店別の配分数情報をインプットしておき、商品投入口から商品バーコードをスキャンしてベルトコンベア上に置くと、自動的に商品が流れて、仕分先（配分先店舗のシュート口）へ届く仕分専用の装置のこと
ソリューション	システム	一般的はベンダー側がクライアントに提示する課題解決策のことをいう。クライアントの課題について、自社の持つサービス提供機能、業務改革コンサルティング、システム製品や情報システム構築などを提案、実施することをいう
滞留在庫	業界	予定された消化率に届かず売れ行きが悪い在庫のこと。また、予定販売期間で販売できず売れ残った在庫のこと。アパレルではシーズン性があり、例えば春夏物が売れ残り秋になっても在庫がある商品を繰越在庫品ともいう
タグ（下げ札）	業界	ブランド名称、同デザインを印刷した紙製のタグ。裏面には品番、カラー、サイズ記号やバーコード、混率、メーカー名などが印刷されている
タッパ	物流	建築用語で、アパレル物流業界では倉庫の床から天井までの高さのことで使う
種まき型ピッキング	物流	品番SKU単位で店別のケースに振分していく作業のこと
単品管理	業界	商品品番までの管理を品番管理といい、さらにカラー・サイズまでの管理を単品管理という
チェーンストア	業界	スーパーや量販店などの経営形態で、本部主導で統一されたコンセプトで売場構成、マーチャンダイジングを行う小売業態のこと
直営店	本書	本書では直営路面店と百貨店等の館の中にインショップとして出店している形態を含めて直営店という。レジは百貨店（館）側の集中レジを使う。インショップ内の在庫や売上管理のためのシステムを導入していることが一般的
直営路面店	本書	本書では自社でPOSレジを設置して売上管理をしている直営店舗を指す。館に家賃や売上料率を支払テナントとして入店している店を指す
ツーウェイコミュニケーション	本書	本書では、eコマースサイトで消費者と販売者側との商品情報交換、コーディネート相談対応、買物選択のアドバイスなど、2者の間で行われる情報伝達・交換のことを指し、その手段としてカスタマー業務、チャットなどがある

用語	分野	説明
摘取型ピッキング	物流	フリーエリア、保管棚より店別の出荷指示商品を抜き取る作業のこと
データウェアハウス	システム	企業戦略の立案や意思決定などに役立てるため、組織内の各種データを1カ所に集約する仕組み。直訳すると「データの倉庫」。製造、物流、販売などの部門ごとに蓄積したデータを集めて、それを基に相関分析を行う。売上伝票のような生データが集められる。この仕組みを利用すれば、「ある商品を買った人がほかにどのような商品を欲しがるか」といった詳細な分析が可能
データマイニング	システム	蓄積された膨大な量の生データを掘り下げ、経営やマーケティングにとって必要な傾向、相関関係、パターンなどを導き出すための技術や手法
適用業務	本書	システム開発や導入に携わる業界では、システム化対象の業務範囲のことを「適用業務」という。英語ではアプリケーション(Application)と呼び、会計や販売管理、生産管理などの業務をサポートするシステムパッケージをアプリケーションパッケージという
デフォルト	本書	一般的には初期設定値のこと。本書では、入力画面での初期内容表示のことをいう。前回の登録内容を表示したり、マスター情報を表示するなどして、入力作業の手間を省くことを目的としている
天竺編み	業界	ニット地の編み方の種類(平編み)
店舗直送	業界	縫製工場やメーカーから店舗へ、店舗を展開するSPA・小売企業側の物流センターを経由しないで商品を納品すること。店舗では直送品の受領をもって仕入計上ができるような仕組みの考慮が必要になる
ドックレシート(D/R)	貿易	Dock Receipt。コンテナ輸送において、輸出者や委託を受けた海貨・通関業者が、船会社に貨物を引き渡した時に発行される貨物受取証のこと
トランザクション	システム	ファイルは累計データ、集約されたデータも保持することに対して、トランザクションデータは、データ発生の状態で持つ。つまり、日付や伝票番号、行明細、取消区分などの生データの状態で保持するデータのことを指す(参照:ファイルの説明)
ニット	業界	編んで作っている製品
入荷と入庫	本書	資産の動きを伴う商品の「入り」のことを入荷として記載している。資産の動きを伴わない「商品の入り」のことは入庫として記載
値入	業界	値入高=売価－原価で、仕入原価と売価の差分が値入高であり、この値入高を設定すること
ネステナー	物流	物流センター内の保管スペースでパッキン状態のケース梱包を段積みして保管する際に使用する、立体型の取り外しができる簡易な鉄製ラックのこと
ネット販売(店舗)	業界	インターネット網を活用したWebビジネスにおけるECサイト店舗のことを指す。直営サイト、ファッションモール掲載型、楽天市場、Yahoo!等の市場モール型出店がある
値札	業界	百貨店を中心に、売場へ納品する時に指定される値札のこと
バイイング	業界	発注担当者がメーカーや仕入先から商品を購入する業務のこと。バイヤーと呼ばれる担当者が、メーカー、仕入先から提示された商品サンプル、見積、手配数量、納期などを確認して買い付けること
売価還元法	業界	店頭の在庫を上代(販売価格ベース)で把握して、これに原価率を掛けて棚卸し原価とする方法

用語	分野	説明
配分	**本書**	本書では本部側で発注数量明細を店舗別に振分指示をする作業のことや、入荷数に対して店舗別に振分指示をする作業を指す
派遣店員制度	**業界**	アパレル製造卸企業が、百貨店の店頭に販売員を派遣して販売活動や在庫管理を行うこと。店頭の販売情報が派遣店員からメーカー側にもたらされるので、商品企画や生産に反映できるメリットがある
パターン	**業界**	型紙のこと。衣料品の生地はいくつかの生地パーツに裁断されたものを縫製して製品に仕上げる。その生地パーツの型紙をパターンという
パターンメーキング	**業界**	パターンをコンピューターシステムを使って設計製図すること。前身ごろ、袖などの生地パーツを設計製図する
パッキングリスト（P/L）	**貿易**	Packing List。インボイスを補足する目的で作成する貨物の梱包ごとの商品明細書。「梱包番号」「荷印」「各梱包の商品明細」「個数」「重量」などが記載される
発注配分	**業界**	発注時に店舗別配分数を決めること。基本的には小売業型では発注する時点で店舗配分数を決めており、メーカーから店舗直送も多い
ハンディターミナル	**システム**	スキャナーはバーコードを読み取る単一機能なのに対して、ハンディターミナルは表示画面やデータ登録ボタンがあり、入出力機能を持つ。作業者がバーコードスキャンによって入出荷検品作業を行えるのはもちろんのこと、作業者への指示や誤った作業をした際のエラー表示など多機能な仕組みを構築できる
販売チャネル	**業界**	販売先業種分類のことで、直営路面店、直営店、百貨店、量販店、卸先専門店、アウトレット、ECなどがある
汎用機	**システム**	メインフレームとも呼ばれる汎用コンピューターのこと。90年代にオープンシステムが登場する前までは、大量データを高速処理するコンピューターの主軸だった。現在もさまざまな技術革新を経て高い信頼性や高速処理が求められる大規模システム構築に使われている
ビジネスインテリジェンス（BI）	**システム**	Business Intelligence。企業内に蓄積された大量のデータを分析して、事業戦略などに有効活用する手法。BIと略す。実現するためのBIツールを搭載する業務システムやデータベース製品などがある
ピッカー	**物流**	物流センターの中で、ピッキング作業をする作業者のこと
ピッキング	**物流**	物流センターの中で保管棚やフリーエリアに一時保管したパッキンケースから、指定された商品を抜き取る作業のこと
ファイル	**システム**	適用業務システムのファイルでは、データ格納をするデータの集まりの呼び方の1つで、検索キーとなるデータ項目、その他のデータ項目をレコードフォーマットとして定義してデータを更新、保存、検索ができるようにしたもの。累計データなど演算結果も保持している
ファストファッション	**業界**	Fast Fashion。最新のトレンドを取り入れて、商品を低価格で大量に販売する業態のこと。製品調達はグローバル
フォワーダー	**貿易**	船会社は荷物を受け取って実際の海上輸送を行い、目的港で荷物を降ろす。フォワーダーは船の輸送手配に加えて、輸出と輸入側の内陸輸送や通関業務サービスを提供している
布帛	**業界**	生地のうちで織物のことをいう。縦糸、横糸を織機で織った生地のこと
フライス編み	**業界**	ニット地の編み方の種類（よく横に伸びるので袖口等に用いる）

用語	分野	説明
振分	**本書**	本書では物流現場で配分指示数を店舗別梱包のために種まきしていく作業をいう
プロパー	**業界**	販売に際して当初の設定販売価格で販売すること。その売上をプロパー売上という。簡単に言うと当初の値札表示価格で販売すること。セール品と違い大幅に値段を下げる前段階の販売なので粗利益率が高い
返品	**物流**	物流センター業務の中で、1点当たりではいちばん処理時間を要する手間のかかる業務。店舗からの戻り商品については、1点ずつ検品、場合により検針をする。A品は流通在庫に、B品で使用不可のものは廃棄品となる
保管と格納	**本書**	本書では物流センター内で、稼動状態にある商品を棚やフリーロケーションに一時的にしまうことを「保管」と表現している。「格納」は、シーズン持ち越し商品などを次シーズンまで長期保管するような場合に使用
ホスティング	**システム**	システムユーザー側は自分自身でサーバー等のコンピュータ資源を持たず、データセンターにあるシステム資源を遠隔から利用できるサービスのこと
マーキング	**業界**	反物である生地を広げて、サイズ展開した型紙を置いて最適裁断の型紙の配置をシステムで行うこと
マークダウン	**業界**	当初設定売価から値下げをすること。本部主導で行う
マスター	**システム**	適用業務システムでマスターとは、商品マスターや得意先マスター、店舗マスターなどが代表例。コンピューターでデータ処理するためにあらかじめ登録してあり、伝票データなどを入力する場合のエラーチェックに使ったり、処理の途中で登録内容を参照したりするためのデータファイルのこと
マテハン	**物流**	Material Handlingの略で、荷役のこと。荷役で使用される機器をマテハン機器という。代表的な機器としてソーティングマシン(自動ソーター)、無人搬送機などがある
リアル店舗	**業界**	本書ではファッションビルや駅ビル、路面に存在する実店舗のことを指す。ネット(EC)店舗に対する言葉
リーマンショック	**業界**	2008年9月15日にリーマン・ブラザーズが破綻し、それをきっかけに世界的金融危機が発生した事象
流通BMS	**システム**	流通ビジネスメッセージ標準®(流通BMS®)は、消費財流通業界で唯一の標準となることを目標に策定している、メッセージ(電子取引文書)と通信プロトコル/セキュリティに関するEDI標準仕様(BMSはBusiness Message Standardsの略)
レイバーコントロール	**業界**	仕事の量の波動に対して、人員を最適配置する管理のこと
ロジック	**本書**	本書では、コンピューターシステム処理の論理的な処理の連鎖、計算式、処理対応の条件別分岐などを総称した言葉。例えば配分ロジックとは、配分作業をコンピューター処理するために、論理的にどのように配分するかの手順や方法をプログラムや処理手続きに組み込んだもの

参考文献

椎塚武著『アパレル産業新時代　ニュー・ファッション・ビジネス未来戦略』P63（ビジネス社、1985年）
樫山純三著『走れオンワード　事業と競馬に賭けた50年』P76（日本経済新聞社、1976年）
新井田剛著『百貨店のビジネスシステム変革』P39（碩学舎、2010年）
『繊研新聞』2015年3月13日、4月28日、7月10日
日本実業出版社編『すぐに役立つ企業の経理・会計事項取扱全書』P60（日本実業出版社、1974年）
日本アパレル・ファッション産業協会ホームページ
克元亮編『図解でよくわかる　SEのための業務知識』P54、P162（日本能率協会マネジメントセンター、2011年）
臼井秀彰、田中彰夫著『ビジュアル図解　物流センターのしくみ』P34、P100、P102、P104（同文舘出版、2011年）
木村徹著『いますぐ現場で役立つ物流実務のノウハウ』P106（秀和システム、2012年）
野口竜司著『Live! ECサイトカイゼン講座』P31～33（翔泳社、2014年）
流通BMS協議会ホームページ
黒岩章著『これならわかる貿易書類入門塾』P34、P36、P72、P90（かんき出版、2009年）
日経パソコン編集『日経パソコン　デジタル・IT用語事典』P593、P595、P672（日経BP社、2012年）
日経新聞（きょうのことば）2013年11月4日
日本貿易振興機構（ジェトロ）ホームページ

本書に掲載している各内容は、執筆者の経験による見解に基づいたものですが、すべてのケースにあてはまるわけではなく、その業務等を保証するものではありません。また、本書の用語解説は、本書の内容にそったわかりやすさを目的にしています。一般的な用語定義と表現を変えていることをご了承ください。

あとがき

原稿を書き始めて丸二年が経過しました。構想立案、それを下に構成を考え整理しながら前後の整合性や内容の深さなどのバランス取り、言葉の意味確認など、私の経験と知識からアパレル業務に特化して執筆を進めました。今までの経験にない試行錯誤の連続でした。

株式会社エムジェイファンクション代表取締役社長濵田龍一様には、入社してからシステム分野ばかりでなく、中国検品物流拠点の立ち上げや国内物流分野で経験を積む機会を与えていただきました。ここに深く感謝申し上げます。

出版にあたり監修を引き受けてくださいました株式会社イングファシリティーズ代表取締役社長岡崎平様には、幅広い知見のもとでご指導を賜りました。

執筆に際し相談に乗ってくださった先輩、友人の皆様、ビジネスで接したクライアント、パートナーの皆様に深く感謝申し上げます。

また、編集を担当してくださいました文芸社の塚田紗都美様はじめ関係者の皆様に感謝申し上げます。

IT技術進展は日進月歩です。そのIT技術を活用しつつも、業務の基本形は変わらないところがあります。
業務改革を進める上で「本質を理解する」、「当初の目的」という根っこをおさえながら、環境変化に対応した柔軟性をもった具体策で進歩、進化させる読者の活動に、少しでもお役に立てれば幸いです。

2015年11月　　久保茂樹

索　引

か行

さ行

た行

や・ら行

著者プロフィール

久保 茂樹（くぼ しげき）

1977年、東京理科大学理工学部卒業後、総合アパレル会社に入社し営業部門、情報システム部門で生産販売実務と販売管理システム構築に従事。1988年、日本アイ・ビー・エム株式会社に入社。システムエンジニアとしての教育を受け適用業務パッケージ開発部門、営業推進部門を経験。1994年より流通業担当ソリューションスペシャリストとして、数多くのアパレル企業を訪問し提案活動、プロジェクトを立ち上げる。また、業界向けセミナーを開催。2004年、ファッション物流の株式会社エムジェイファンクションに入社し、eコマース事業やシステム事業で活動。

2013年、同社取締役を退任。2015年、東京ビジネスサポートを設立。適用業務スキルの普及活動に加えて、コンサルティング活動に取り組み中。

資格：情報処理システム監査技術者、ITコーディネータ

監修者プロフィール

岡崎 平（おかざき たいら）

1990年、関西学院大学理学部物理学科卒業。

アパレル会社に入社し営業、企画ＭＤに従事した後、新会社設立プロジェクトに参画。

プロジェクト立ち上げを経て、参議院議員秘書として国会などにおいて政治政策対応に従事。

議員秘書退任後、医療関連のビジネス等に従事し、幅広い業種やビジネス分野の経験を積む。

2007年、アパレル企業関連会社、代表取締役社長に就任。

事業資格、登録免許取得により各種アセットマネジメント事業を実施。

eコマースサイトビジネス展開をはじめ、今後の市場環境変化をにらんだ事業企画を推進中。

役に立つアパレル業務の教科書

生産、調達から店舗、ＥＣまで　システムエンジニアから営業まで、
コンサルティングセールスを成功させるために理解しておきたい知識

2016年１月15日　初版第１刷発行
2021年４月20日　初版第７刷発行

著　者　久保 茂樹
監修者　岡崎 平
発行者　瓜谷 綱延
発行所　株式会社文芸社
〒160-0022　東京都新宿区新宿１－10－１
電話　03-5369-3060（代表）
03-5369-2299（販売）

印刷所　株式会社フクイン

ISBN978-4-286-16874-6